山西省高等学校科技创新项目(2020L0492)；

山西省科学技术发展计划(工业)项目(20140321003-05)；

教育部产学研协同育人项目（202102415008）；

大同市重点工业研发计划项目(2018027)。

力学在工程及生活中的应用

张艳军　著

中国原子能出版社

图书在版编目（CIP）数据

力学在工程及生活中的应用 / 张艳军著 . -- 北京：
中国原子能出版社，2022.8
ISBN 978-7-5221-2104-8

Ⅰ . ①力… Ⅱ . ①张… Ⅲ . ①工程力学—研究 Ⅳ .
① TB12

中国版本图书馆 CIP 数据核字〔2022〕第 160246 号

内 容 简 介

本书对力学在工程及生活中的应用进行了研究，具体包括：力学在井巷钻孔爆破工程中的应用、力学在选煤工程中的应用、力学在管材成型加工工程中的应用、力学在混凝土重力坝安全防护工程中的应用、力学在考古工程中的应用、力学在钻井工程中的应用、力学在矿业工程中的应用、力学在航空工程中的应用、力学在生活中的应用等。本书论述严谨，结构设计合理，条理清晰，内容完整丰富、生动形象，是一本值得学习的著作，可供工程技术人员及高校师生学习使用。

力学在工程及生活中的应用

出版发行　中国原子能出版社（北京市海淀区阜成路 43 号 100048）
责任编辑　张　琳
责任校对　冯莲凤
印　　刷　北京九州迅驰传媒文化有限公司
经　　销　全国新华书店
开　　本　710 mm × 1000 mm　1/16
印　　张　17.5
字　　数　277 千字
版　　次　2023 年 4 月第 1 版　2023 年 4 月第 1 次印刷
书　　号　ISBN 978-7-5221-2104-8　定　价　198.00 元

网　　址：http://www.aep.com.cn　　E-mail:atomep123@126.com
发行电话：010-68452845　　　　　版权所有　侵权必究

力学作为土木工程、机械工程等工科专业的基础课，是理论和工程应用联系的桥梁，在解决工程的实际问题中，力学模型的建立是解决问题的关键环节。在实际的力学建模过程中，很多人缺乏将实际力学问题抽象为力学模型的方法，用力学知识解决实际问题的能力较差。作者根据多年教学科研经验，总结出一套哲学方法，即去粗取精，去伪存真，抓住事物的主要因素，略去事物的次要因素，透过现象看本质。只要合理地运用该方法对实际力学问题进行抽象，力学模型的建立就相对容易些。理工科专业的学生大部分要学习力学，由于力学学科具有内容抽象、理论性强、公式繁多复杂等特点，导致了学生对力学的学习兴趣不高，理解较为困难。新工科建设的目标是培养适应新基础、新产业、新经济发展的卓越人才，要求力学必须结合新工科的培养理念，构建与之配套的教材、著作。为了挖掘学生的科研潜能，加强学生解决实际问题的能力。作者主要做了以下尝试：

（1）力求将力学知识应用于工程以及日常生活中，提高读者的学习兴趣；

（2）在分析工程背景的前提下，注重工程中力学建模的方法或原理；

（3）将部分工程问题和虚拟仿真技术相结合，让力学分析生动形象。

在本书的写作过程中，作者得到了各方面的支持和鼓励，同时也借鉴了相关论文、著作，并选用了部分案例，在此一并表示感谢。

由于作者水平有限，本书的缺点错误难免，不足之处，敬请读者批评指正。

作　者
2022年1月

绪　论

　　力学是一门基础学科，其阐明的规律一般具有普遍性，为许多工程技术提供设计原理、计算方法、试验手段。力学和工程的结合促使力学各个分支形成和发展。随着计算机的发展，模拟软件的开发及有限单元法的应用极大地促进了复杂力学问题分析的能力和水平。

　　力学知识在工程及生活中应用非常广泛。如重力的应用。工人师傅在砌墙时，常常利用重锤线来检验墙身是否竖直，这是充分利用重力的方向是竖直向下这一原理；羽毛球的下端做得重一些，这是利用降低重心位置来保护羽毛；汽车驾驶员在下坡时关闭发动机还能继续滑行，这是利用重力做功来节省能源；农业生产中的抛秧技术也是利用重力的方向竖直向下的特性。假如没有重力，水不能倒进嘴里，人们起跳后无法落回地面，飞舞的尘土会永远飘浮在空中，整个自然界会陷入混乱状态。再如摩擦力的应用。摩擦力在自然界中无处不在。人们在光滑的地面上行走十分困难，这是因为接触面摩擦太小的缘故；汽车上坡打滑时，在路面上撒些粗石子或垫上稻草，汽车就能顺利前进，这是靠增大接触面的粗糙程度而增大摩擦力；鞋底做成各种花纹也是增大接触面的粗糙程度而增大摩擦；滑冰运动员穿的滑冰鞋安装滚珠是变滑动摩擦为滚动摩擦，从而减少摩擦而增大滑行速度；螺丝螺纹的倾斜角充分利用了摩擦角和自锁的原理设计，保证了螺帽不会脱落；各类机器中加润滑油是为了减小齿轮间的摩擦，保证机器的良好运行。再如弹力的应用。利用弹力可进行一系列社会生产活动，高大的建筑需要打牢基础，桥梁设计需要精确计算各部分的受力大小；螺旋弹簧是工程中常用的机械零件，利用其弹性特点，将螺旋弹簧用于缓冲装置、控制机构及仪表中，如车辆上的缓冲弹簧，发动机进排气阀与高压容器安全阀中的控制弹簧，弹簧秤中的测力弹簧等。拔河需要用粗大一些绳子，防止拉力过大导致断裂；高压线的中心要加一根较粗的钢丝，才能支撑较大的架设跨度；运动员在瞬间产生的爆发力等。再如应力集中的应用。工人师傅裁玻璃，一般先要在玻璃表面用坚硬的金刚石刀划一道凹槽，然后用力一掰，玻璃就会沿着凹槽处裁开，这是因为凹槽处应力集中较为严重的缘故；在生活中我们用的很多包装袋上都会剪出一个小口，其原理就用到了材料力学的应力集中，便于撕开包装袋；易拉罐上的拉环也是利用了尖角、尖孔处应力集中较为严重的特点，所以能轻易拉开。乒乓球运动员就是因为充分利用力线平移定理，在回球或发球时，给一个切削力导致球体旋转，使对方球员接球较为困难。吊车上的吊钩就是利用材料力学的冷作硬化对吊钩进行处理，增大了其在弹性范围的承载能力。很多桥梁的结构设计采用桁架结构，就是利用了桁架结构轻便、承载力大的特点。中国的故宫、赵州桥、万里长城等古代建筑中都蕴含着力学的知识，需要我们不断地深挖与探索。

工程建设是应用力学相关知识最多的领域，如挡土墙在工程建设中的作用是预防建筑土体下滑或者坍塌，是一种保障建筑物安全的构筑物。在具体工程建设中，挡土墙的结构功能十分重要，只有确保挡土墙的结构稳定且完整，才能保证建筑物的局部土体保持稳定，进而保障整个工程建设的稳定性与安全性，可见挡土墙对实际工程建设的最终质量具有决定性影响。施工建设工人如果想要构建良好且坚固的挡土墙，就必须用相关的力学知识来计算验证。地基是整个工程建设的基础，它的承载力决定着整个建筑工程的稳定性，也是实际工程建设最容易出现问题的环节，因此，施工建设人员在施工开始之前就要利用力学知识将地基的承载力准确计算出来。由此可见，力学知识贯穿实际工程建设的整个过程，是保证工程建设质量的基础。

总之，大到机械中的各种机器、土木中的建筑结构，小到生活中的食品包装、日用品等都蕴含着力学的知识，都要符合其强度、刚度、稳定性的要求才能够安全、正常地工作。毕竟，生产生活中处处充满着力学问题，只要留心，处处皆学问。作为力学的学习者要多观察、善发现、勤思考，积极地探索生活中力学的奥秘，通过力学知识不断地认识世界、改造世界。在解决工程及生活的实际问题中，力学模型的建立一般是必不可少的，也是解决实际问题的关键环节。作者经过多年教学科研经验发现，在解决实际的力学问题中，人们缺乏将实际力学问题抽象为力学模型的方法，用力学知识解决实际问题的能力较差，为此，作者将力学知识运用到实际的生产生活中，对工程及生活中的力学应用进行了研究，主要内容包括力学在井巷钻孔爆破工程中的应用、力学在选煤工程中的应用、力学在混凝土重力坝安全防护工程中的应用、力学在考古工程中的应用、力学在钻井工程中的应用、力学在矿业工程中的应用、力学在管材成型加工工程中的应用、力学在航空工程中的应用力学在生活中的应用等。

第1章

力学在井巷钻孔爆破工程中的应用

1.1　研究背景

目前，煤矿机械化掘进是主导，随着煤矿机械化程度的不断提高，依靠钻孔爆破开采的方法成为历史，机掘似乎已经代替了炮掘。然而在特定情况下，完全采用机掘还为时过早，如坚硬岩巷、半煤岩巷、断层破碎带区、薄煤层、边角煤等诸多情况下的掘进还要依靠钻孔爆破来完成。

影响钻孔爆破效果的一个重要因素是堵塞[1-3]，在钻孔爆破工程中，理想的炮孔堵塞可以改善爆炸产物对岩体的作用条件，具体表现为：（1）促进炸药反应，降低炸药消耗量。炮孔堵塞能促进炸药的反应，使之尽可能释放出最大热量，提高炸药的热效率，使更多的热量转变为机械功，提高爆破的能量利用系数；（2）可以延缓爆生气体从孔口冲出的时间，延长冲击波和应力波的作用时间，使更多的爆能作用到岩壁，从而改善爆破效果和爆破质量。国内外从20世纪80年代起开始重视炮孔堵塞因素如堵塞机理、堵塞结构、堵塞材料、堵塞长度等对爆破效果的影响。周志强[1]等研究了各种堵塞结构的优缺点。赵新涛、王琛[4-5]等研究了最优堵塞长度模型的计算公式。罗伟、丁希平[6-7]等对爆破时的不同长度的炮孔堵塞进行数值模拟分析，得出最优堵塞长度。唐中华[8]等研究了影响堵塞效果的各种方法与结构。任少峰[9]等采用数值模拟的方法研究了炮孔的最佳堵塞长度。以上文献的对炮孔堵塞的研究还不够全面和深入。在综合分析以上情况的基础上，应该对堵塞结构、堵塞工艺、堵塞长度进行分析、研究、改进，通过设计评价体系来验证堵塞效果。

1.2　钻孔爆破的破岩机理

目前对于破岩理论的认识有以下三种观点[5]：

（1）应力波破岩理论。该理论认为炮孔无需堵塞，岩石的破碎主要是由应力波和反射拉伸波作用所导致；

（2）气体膨胀作用破岩理论。该理论认为破岩主要靠爆生气体的气楔作用即爆生气体膨胀引起的；

（3）应力波和气体膨胀压力联合作用破岩理论。该理论承认了爆炸应力波、爆生气体膨胀和反射拉伸波3项都对岩石的破碎有着重要贡献。

关于爆破中岩石的破碎，大众的观点是[10-12]：岩石破碎是爆炸应力波与高压气体共同作用的结果，其中又以气体的膨胀作用作为破岩的主要因素。炸药爆炸后产生的冲击波使炮孔周围岩体开裂并在爆生气体的驱动下进一步扩展[13]，爆炸产生的冲击波会引起岩石预裂，为破岩提供有利条件，而爆生气体的作用决定破碎效果。应力波作用时间的长短决定了岩石的破碎程度和范围。

药包爆破破岩过程，是在极短时间内完成的高温高压过程，对周围介质产生强烈的冲击载荷作用，符合固体在冲击载荷作用下的表现形态。在爆破载荷作用下，将在煤岩体介质中击起应力波，并对煤岩体产生破碎作用，这是煤岩体产生破碎的主要因素之一。从广义来说，药包在介质中的爆破方式已分为两种：一种是无限介质中的药包爆破，一种是在有自由面存在条件下的药包爆破。在自由面存在条件下的爆破工程是主要研究内容。

自由面存在时的爆破破坏过程分析煤岩体爆破破坏过程是一个瞬间完成的物理力学过程，现有的爆破理论认为，埋入无限煤岩体中的炸药爆炸后，将在煤岩体中形成以装药为中心的由近及远的不同破坏区域，依次为压碎区、裂隙区和弹性震动区。在压碎区，煤岩体受到的爆炸载荷的加载率最高，且载荷值远远大于其压缩强度，另外，压缩区紧邻炸药，因而还受到爆炸气体的高温高压作用。压缩区的范围大小应利用考虑应变率效应的三向应力条件下的材料压缩破坏准则求解。在压缩区之外，煤岩体中的爆炸载荷小于煤岩体的抗压强度，但是煤岩体径向受压还要产生环向拉伸应力。煤岩体的拉伸强度远小于其抗压强度，因此切向拉伸应力极可能大于煤岩体的抗拉强度，使煤岩体产生径向拉伸破坏。根据切向应力不小于煤岩体动态抗拉强度的条件，可以确定煤岩体中的裂隙区范围。在裂隙区外面，煤岩体中的爆炸应力波已经衰减到很小，这时煤岩体不产生任何明显的破坏，一般认为这一区域的煤岩体只产生弹性震动，因而称为这一范围为震动区。

均匀煤岩体的爆破破裂过程可分为三个阶段。

（1）爆轰时压碎区附近的煤岩体以3 000～5 000 m/s的速度向外传播冲击波，引起切向应力，产生从炮孔区向外呈辐射状分布的径向裂缝；

（2）当应力波到达自由面后，产生反时，压缩波变成拉伸波，拉伸波返回到煤岩体中，由于岩体的抗拉弘度比抗压强度小得多，当拉应力足够大时，引起自由面隆起或片落；

（3）爆炸气体超高压的影响下，初期的径向裂缝由于径向压缩和气压作用下迅速扩大，在自由面存在和高压气体具备推动药包前方煤岩体向前运动的条件下，存在煤岩体内部的高压应力迅速卸载，卸载效应在岩体内部引起很高的拉应力，导致岩体破裂，从而完成爆破及其破岩过程。由于煤岩体的动态抗拉强度只是动态抗压强度的左右，因此，其破碎范围远远大于压碎圈，是主要的破碎形式。爆炸载荷作用下，煤岩体中形成的压碎区、裂隙区和震动区范围的确定，近年来受到许多学者的重视。

一般破岩机理包括：

（1）粉碎区的形成：偶合装药爆破时，一般爆轰波震面上的压力可达 $5 \sim 10$ GPa，岩石受到这种超高压的冲击，在药包周围的一小部分岩石，由于受到强烈压缩，其温度会迅速升至 $3\,000$℃以上，所以这部分岩石呈熔融状塑性流态。随着冲击波的传播，爆炸能量向四周释放，爆生气体的压力和温度急剧下降，其周围熔融状岩石的应力状态迅速解除，这就引起这部分岩体的向心运动，将熔融状岩体粉碎成细微颗粒，形成压碎圈。还有另一种观点认为由于爆轰压力在数微秒内急剧增高至数万兆帕，并在药包周围激起冲击波，其强度远远大于岩石动态抗压强度。对坚硬岩石，此范围内岩石受到粉碎性破坏，形成粉碎区；对软弱岩石，则被压缩成空腔，空腔表面形成坚硬的压实层，称为压缩区。压缩圈的范围虽然不大，但由于岩石遭到强烈粉碎，能量消耗很大。对柱状药包而言，其破坏作用一般（$1.65 \sim 3.05$）R_0（R_0 为药卷半径）的范围内。

（2）破裂区的形成：由于岩体的动态抗压强度很大，压缩圈消耗了冲击波很大一部分能量，致使冲击波在近区衰减很快，当冲击波传播到一定距离以外其压力小于岩石抗压强度时，冲击波衰减成应力波。当冲击波进入压缩圈外围的岩壳时，其外围的岩石受到强烈的径向压缩产生径向移动，因而导致岩壳的扩张；岩壳的扩张引起环向拉伸，即在环向引起拉应力；由于岩石的动态抗拉强度只有其抗压强度的 $1/10$ 作用，所以环向拉应力很容易大于岩石的动态抗拉强度极限，在岩体中产生径向裂缝，径向裂缝的发展速度一般是冲击波速度的 $0.15 \sim 0.4$ 倍。径向裂缝和压碎圈贯通后，爆炸产生的压力虽然随药室体积的扩大而降低，但仍可作用于裂缝，像尖劈一样使裂缝进一步发展，形成环向作用的拉应力场，形成裂隙圈。裂隙圈大于压碎圈。因此岩石爆破时应尽量避免形成压碎区。

（3）震动区的形成：炸药爆炸所产生的能量在压碎区和破坏区内已消耗了很大。在破裂区外，爆炸应力波迅速衰减成地震波，从而产生爆破地震效应，此阶段对岩石的变形破坏作用相对较小。在破坏区以外的岩体中，剩余的爆炸能已经很少，不能再对岩石产生破坏作用而只能使岩石质点发生弹性振动，直到弹性振动波的能量完全被岩体吸收为止。这个区域比前两个区大得多，称为震动区。

1.3　炮孔堵塞机理和作用

炮孔堵塞一般具有增大孔内应力波压力及其作用时间、延长爆生气体的作用时间的作用。在爆炸过程中，爆生气体推动堵塞物整体运动，同时应力波进入堵塞物中传播，应力波能量在堵塞物中逐渐衰退，如果堵塞长度足够长，则能量衰减直至为零，对爆生气体起到缓冲作用，同时爆生气体可以使堵塞物充分挤压炮眼内壁，延长堵塞时间，达到较好的堵塞效果。炮孔堵塞参数如堵塞结构、堵塞长度等会影响爆轰气体的作用时间，进而会影响封堵质量和爆破效果。炮孔堵塞长度和堵塞结构不科学，爆生气体快速充满炮孔时具有极大的压力和速度，导致堵塞物极易冲孔，造成炸药的浪费。合适堵塞结构会不仅会增大与炮孔内壁摩擦阻力，不易发生冲孔，也会将部分应力波反射作用到岩壁，达到较为理想的破岩效果。合适的堵塞长度不仅会增大孔内应力波压力及其作用时间，增加堵塞物留于炮孔的时间，使爆能产生的"气楔"充分作用于岩体，而且会使炸药在炮孔内充分反应，减少烟尘排放。

文献[14]指出爆炸冲击波先使堵塞物发生压缩变形，而后才冲出炮孔。因此在爆炸过程中，爆生气体对堵塞物的作用可分为两个阶段：第一阶段，爆生气体迅速充满爆破腔体后，堵塞物开始被压缩，直至被压实；第二阶段，堵塞物作为不可压缩的固体移动，直到最终从炮孔中移出。合适的堵塞长度就是在堵塞物被移出前，炮孔岩壁破碎。堵塞长度太短，应力波能量衰减不彻底，爆生气体对岩壁的作用时间不够，堵塞效果不佳，在裂纹扩展至自由面之前，堵塞物已从炮孔冲出，在这个过程中，爆破体积较小，爆破效果不好；堵塞长度太长，造成成本增加，在裂纹扩展至自由面时，堵塞物仍停留在炮孔内，这样导致爆生气体破岩过度，会产生较多小块，爆破效果不理想；堵塞长度合理，在裂纹扩展至自由面时，堵塞物刚好从炮孔冲出，既不会造成爆炸能量的浪费，也不会造成堵塞成本的增加，爆破效果较好。

炮孔堵塞是实施钻孔爆破的重要环节，堵塞好坏直接影响爆破质量，进而影响产生的粉尘浓度、作业安全等方面。炮孔堵塞在整个爆破过程的作用如下：

（1）堵塞可以增大应力波和爆生气体的作用时间。

炮孔如果不堵塞，爆生气体将迅速冲孔，使气压瞬间降至临界压力以下，并伴有巨大噪声，对孔口产生冲击和破坏作用，不利于岩块成型。炮孔如果堵塞，爆生气体破岩时间按顺序可分为：堵塞物冲孔前爆破气体压力作用于岩石的时间 t'；二是堵塞物冲孔时间 t''；三是堵塞物冲孔后，爆生气体对岩石的有效作用时间 t'''。一般来说对于 t' 和 t'' 是可以忽略不计的。

（2）堵塞可以使爆生气体充分反应，降低有害气体的产生。

合理的堵塞可以使炸药在孔内反应时间充分，使爆能得到很好的分配和利用，有效地减少有害气体的产生，提高炸药能量的利用率，减少单位体积炸药的用量，提高爆破效果。

1.4　堵塞材料分析

迄今为止，堵塞材料大体可分为固体材料、液体材料两种，固体材料诸如黏土、木材、聚氯乙烯，液体材料如水炮泥等。

1.4.1　固体材料利弊分析

（1）砂石或黏土。此材料优点在于方便取材、操作简单；但缺点很多，诸如爆破质量不高，岩石成型不好，炮眼利用率低，爆炸后粉尘大，污染空气。

（2）木材。此材料优点在于轻便，与炮孔结合摩擦力强，堵塞密实；缺点是此材料易燃，爆炸易产生大量烟雾，污染空气，对井下工人身体有害。

（3）聚氯乙烯。此材料优点为成本便宜，加工易成型；缺点是爆炸后会产生有毒气体，不利于环保和降尘。

1.4.2 液体堵塞利弊分析

液体堵塞的优点为成本低廉，爆炸后产生的水蒸气与粉尘结合会起到降低粉尘浓度的作用，配合吸水性很强的无机盐类和表面活性剂，能降低溶液的表面张力，提高润湿能力，从而能提高爆破后溶液的雾化程度和捕捉粉尘的能力。

综上分析，聚氯乙烯和液体混合使用可达到节约成本、降尘环保的目的。

1.5 炮孔堵塞存在的问题

目前，人们还是习惯于用黏土砂混合物做炮孔堵塞结构，这主要是由于黏土炮孔堵塞结构可塑性好，成本廉价，因此得到现场的广泛认可。但是在长期的应用中，人们发现黏土炮孔堵塞结构存在诸多问题，如封堵质量难以控制，炮眼利用率低，烟尘浓度难以控制，易出现冲孔现象或者炸药拒爆现象。基于上述原因，工人们为了减小劳动强度，节约工时，常常采用无可塑性的岩块、煤块、煤粉或药卷纸作炮眼堵塞以代替黏土炮孔塞结构；或者干脆不封泥，采用大药量的方法来克服堵塞效果差、封堵质量不好、炮眼利用率低等缺陷[15]，其结果是造成炸药量严重浪费、围岩严重受损、断面成形差、事故率高等严重后果。

综上所述，钻孔爆破中出现的爆破成本高、爆炸粉尘多、炮眼利用率低等问题，主要是由于堵塞参数如堵塞长度、堵塞结构、堵塞材料等不科学造成的。堵塞结构、堵塞长度对堵塞质量有直接的影响，合理的堵塞会使爆能得到充分利用，使岩石充分破碎，从而直接提高爆破质量。如果不堵塞，爆炸产生的能量，将随爆生气体的外泄而浪费。科学的堵塞对提高爆破质量和炮眼利用率，降低爆破成本方面具有重要的影响。

因此，寻求合理的堵塞长度、堵塞结构等堵塞参数，对提高堵塞质量、简化堵塞操作、减少井下空气污染、降低爆破成本等方面具有重要现实意义。

1.6 固体堵塞长度力学分析

图1-1为水平爆破堵塞结构力学模型，为了计算方便，作如下假设：（1）不考虑堵塞结构在爆生气体作用下的压缩变形，即假设堵塞结构是刚体；（2）堵塞结构运动可视为匀加速直线运动。根据牛顿第二定律，考虑到摩擦阻力，有：

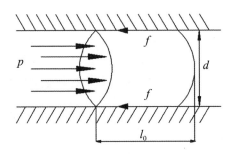

图1-1 爆破时堵塞结构受力模拟示意图

$$pA - f_1 - f_2 = ma \qquad (1.6.1)$$

$$A = \frac{1}{4}\pi d^2 \qquad (1.6.2)$$

$$m = \frac{1}{4}\pi d^2 l_0 \rho \qquad (1.6.3)$$

$$f_1 = \mu mg \qquad (1.6.4)$$

$$f_2 = \pi d(l_0 - x)p\varepsilon\mu \qquad (1.6.5)$$

式中，p 为爆生气体压强，Pa；d 为堵塞结构直径，m；m 为堵塞结构质量，kg；A 为堵塞结构横截面面积，m^2；　为由堵塞结构自身重力作为正压力所产生的对堵塞结构的滑动摩擦力，N；f_2 为由于堵塞结构膨胀对岩壁挤压所产生的对堵塞结构的滑动摩擦力，N；a 为堵塞结构的加速度，m/s^2；ρ 为堵塞结构的密度，kg/m^3；l_0 为堵塞长度，m；ε 为侧向压力系数；μ 为堵塞结构与岩壁的动摩擦因数。

其中
$$\varepsilon = \frac{\gamma_d}{1 - \gamma_d}$$

γ_d 为岩石动态泊松比，在工程爆破加载率范围内，$\gamma_d = 0.8\gamma$，γ 为岩石静态泊松比。

联立式（1.6.1）~式（1.6.5）得出堵塞结构加速度计算公式：

$$a = \frac{p}{l_0\rho} - \mu g - \frac{4(l_0 - x)p\varepsilon\mu}{\rho l_0 d} \qquad (1.6.6)$$

将 $x = \frac{l_0}{2}$ 代入式（1.6.6），得平均加速度为：

$$a = \frac{p}{l_0\rho} - \mu g - \frac{2p\varepsilon\mu}{\rho d} \qquad (1.6.7)$$

堵塞结构初始速度为0，则：

$$l_0 = \frac{1}{2}at^2 \qquad (1.6.8)$$

联立公式（1.6.7）、式（1.6.8）得出堵塞结构冲出炮孔的时间 t_2 为

$$t_2 = t = \sqrt{\frac{2l_0^2 pd}{pd - \mu g \rho l_0 d - 2l_0 p \varepsilon \mu}} \qquad (1.6.9)$$

事实上，堵塞结构停留在炮孔的时间 t_3 可以分为堵塞结构被压缩的时间 t_1 和堵塞结构冲出炮孔的时间 t_2，根据假设，堵塞结构被压缩的时间 $t_1 = 0$。因此，堵塞结构停留在炮孔的时间 t_3 为：

$$t_3 = t_2 \qquad (1.6.10)$$

假设应力波传播时间为 t_4，则

$$t_4 = \frac{S}{V_b} \qquad (1.6.11)$$

式中，S 为炮孔深度，m；V_b 为炸药爆速，m/s。

爆破要求充分破碎岩石，即堵塞结构离开炮孔前，炸药完成爆炸。要求 $t_4 \leqslant t_3$，取临界值：

$$t_4 = t_3 \qquad (1.6.12)$$

将式（1.6.9）~式（1.6.12）联立，得：

$$2pdl_0^2 + \left[\left(\frac{S}{V_b}\right)^2 \mu g \rho d + 2p \varepsilon \mu \right] l_0 + \left(\frac{S}{V_b}\right)^2 Pd = 0 \qquad (1.6.13)$$

令 $a = 2pd$，$b = \left(\frac{S}{V_b}\right)^2 \mu g \rho d + 2p \varepsilon \mu$，$c = \left(\frac{S}{V_b}\right)^2 Pd$，则将式（1.6.13）简化为：

$$al_0^2 + bl_0 + c = 0 \qquad (1.6.14)$$

求解式（1.6.14），得出最优长度计算公式：

$$l_0 = \frac{-b + \sqrt{b^2 - 4a \cdot c}}{2a} \tag{1.6.15}$$

从式（1.6.15）可以看出最优堵塞长度 l_0 与 p 、 d 、 V_b 、 γ 、 S 、 μ 、 ε 等诸多参数有关。

在径向连续耦合装药装药条件下，爆生气体压强：

$$p = \frac{\rho_0 V_b^2}{2(\gamma + 1)} \cdot k \tag{1.6.16}$$

式中， ρ_0 为炸药密度，kg/m³； V_b 为炸药爆速，m/s； k 为冲击波的透射系数； γ 为爆轰产物的等熵指数，据文献[18]知： $\gamma = 1.9 + 0.6\rho_0$ 。

在大同云冈矿进行爆破试验，最优长度计算公式涉及物理量参数如下： $d = 0.042$ m， $S = 1$ m， $w = 0.45$ m， $\rho = 920$ kg/m³， $V_b = 4000$ m/s， $\mu = 0.4$ ， $\varepsilon = 0.316$ ， $k = 1.42$ ， $\rho_0 = 1000$ kg/m³。

采取径向连续耦合装药，故按（1.6.16）计算出 p ，再将以上参数代入公式（1.6.15）得出最优堵塞长度 $l_0 = 0.34$ m。

而根据工程经验，堵塞长度一般取抵抗线的0.7～1.0倍，即：

$$l_0 = (0.7 \sim 1.0)w = 0.315\,\text{m} \sim 0.45\,\text{m} \tag{1.6.17}$$

通过公式（1.6.15）所得到的计算结果在经验公式（1.6.17）所得到的结果范围之内。最优堵塞长度计算公式是可靠的。

1.7　炮泥堵塞结构利弊分析

炮泥堵塞结构可分为固体堵塞结构、液体堵塞结构和固体液体混合堵塞结构三类。

1.7.1　固体堵塞结构

固体堵塞结构种类大体有两种：

（1）由岩粉、砂子、黏土等混合物组成的松软堵塞结构。

目前井下工人为了方便常采用此结构，原因是此堵塞结构简单，取材容易，易于操作，劳动强度低。但也存在诸多的问题，如堵塞物易冲孔、围岩严重受损、断面成形差、事故率高等严重后果。

（2）机械结构式堵塞：主要结构有底锥形、楔形、膨胀管等形式，制作加工材料有塑料、橡胶、木材等。

①底锥形结构。底锥形结构底部为锥形，其优点为操作简单，实用便宜；缺点为不能独立操作，需加辅助堵塞结构。

②楔形体结构。楔形结构优点为操作简单，施加预紧力与泡孔壁结合紧密，堵塞效果较好；缺点为如遇瞎炮，排除困难。

③膨胀管结构。和膨胀螺丝的原理一样，采用膨胀增阻的原理，可独立操作，简单实用，对于不同位置的孔（如竖孔斜孔）都适用，碰到拒爆现象，易于排除；缺点为制作工艺复杂，成本相对较高。

1.7.2　液体堵塞结构

液体堵塞可以大体分为两种：

（1）水炮泥结构。水炮泥堵塞一般具有增大孔内应力波压力及其作用时间，延长爆生气体的作用时间，保证孔内炸药充分反应，降低单位岩体炸药消耗量和降低爆破粉尘的作用，缺点是抓壁能力差，降尘能力不明显。

（2）添加降尘剂液体堵塞结构。降尘剂主要由吸水性很强的无机盐类和表面活性剂组成，能降低溶液的表面张力，提高润湿能力，从而能提高爆破后溶液的雾化程度和捕捉粉尘的能力。

其作用机理如下：

①在爆破时，空气中的粉尘与降尘剂溶液颗粒相撞，经过吸附、增重、沉降等过程，使粉尘失去飞扬能力，从而起到迅速降低粉尘浓度的作用。

②降尘剂一般含有无机盐类。由于添加了无机盐类，降尘剂溶液的密度比纯水大，爆破时也更具有迸发力。已经汽化的溶液重新凝结成极小的雾滴与矿尘相撞时，其所形成的凝结核或被雾滴所润湿的矿尘比重均较大，碰撞时相对速度也较大，因此其降尘效果比纯水好很多。

③降尘剂溶液在被破碎成微粒时，能析出大量的游离水，在高温高压下呈蒸汽状态，遇到空气中粉尘可使其润湿、增重、沉降。水蒸气与炮烟中的有毒有害气体发生反应，特别是矿岩中含有Fe_2O_3、Al_2O_3、SiO_2、MgO等催化剂的情况下反应更快，起到降毒作用。

1.7.3　固体液体混合堵塞结构

固体液体混合堵塞结构一般为水炮泥和炮泥塞配合使用，此结构爆破效果较好，降尘效果明显，适用于竖孔、斜孔、水平孔堵塞；缺点为操作相对复杂，不利于推广应用。

目前，固体堵塞结构和液体堵塞结构操作简单，应用较多，但爆破效果一般。固液混合堵塞结构由于结构复杂、成本高、操作相对复杂等原因，使得研究相对缓慢，没有得到很好的推广和应用。

1.8 蕴含力学原理的堵塞结构设计

1.8.1 根据膨胀技术原理设计的堵塞结构

（1）胀裂式炮眼堵塞结构。

为了延长堵塞时间，简化堵塞操作，提高堵塞效果，结合膨胀螺丝形堵塞结构的诸多优点，设计了一种胀裂式堵塞结构[16]，如图1-2所示，该堵塞结构由山西大同大学煤矿机电研究所科研团队研制，目前处于试验阶段，未正式投入使用。胀裂管状结构由胀塞和胀裂筒两部分组成，见图1-2（a），胀塞结构见图1-2（b），胀塞小端头部分为圆锥型，较为光滑，大头朝向炮孔底，为半球型。在胀塞的中心轴线处有一个通孔用于穿雷管脚线。胀裂筒结构见图1-2（c），其外表面设置有倒刺，内腔为圆锥型，在筒的纵向表面上每隔90°开设胀裂缝。在胀裂筒的末端为通孔，以便脚线方便地从中穿过而不会受到挤压损伤。

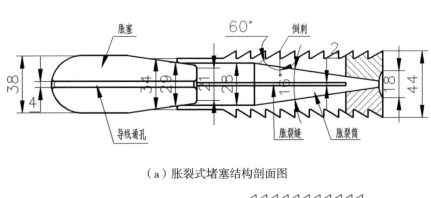

（a）胀裂式堵塞结构剖面图

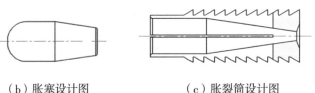

（b）胀塞设计图　　　　　（c）胀裂筒设计图

图1-2 胀裂式堵塞结构设计图

胀裂式堵塞结构的初期闭锁是由人工完成的，先将胀塞的圆锥端与胀裂筒的开口端配合，再将雷管脚线从胀裂塞的中心孔穿过，从胀裂筒的下端穿出，然后胀塞的半球型朝里，人工将胀裂式堵塞结构整体塞入炮孔。最后，到达预定位置后，人工用小锤撞击胀裂筒末端，以实现闭锁。胀裂筒的外表面与炮孔壁为过盈配合，结合此结构膨胀闭锁，可以为其提供初始的预紧力，而后期的进一步膨胀闭锁是靠炮孔内部爆轰气体膨胀压力的气楔作用实现的。炮孔内部爆轰气体膨胀压力的气楔作用于胀塞的半球头，从而使胀塞与胀裂筒再次实现相对运动，达到进一步的胀裂堵塞。

胀塞朝向炮孔底的部分做成半球形是为了分散爆破冲击波的能量，使更多的能量用于破碎炮孔壁，胀塞锥型部分的外表面较光滑，目的是在炮孔内部爆轰气体膨胀压力的气楔作用下，便于胀塞与胀裂筒产生相对运动，导致胀裂筒沿胀裂缝胀开，借助自锁效应和倒刺，增大其与炮孔壁的摩擦阻力，提升堵塞效果。

根据力学知识对胀裂式堵塞结构的膨胀角进行优化。合理的膨胀角有益于膨胀锥体的通过和膨胀管的膨胀，使膨胀管与炮孔壁结合紧密，从而增大堵塞结构与炮孔的摩擦力，提高堵塞质量，因此寻求合理的膨胀角是非常重要的。

膨胀椎体示意图，如图1–3（a）所示，r_1为出口定径区的半径；r_2为入口定径区的半径，α为膨胀角半锥角，h为变径区的高度。

从图1–3（a）中取阴影部分作为微元体，受力情况如图1–3（b）所示，微元体受到膨胀椎体的推力$\mathrm{d}F$、膨胀管对微元体的摩擦力$\mathrm{d}f$、膨胀管对微元体的反力$\mathrm{d}N$三个力的作用。

由$\Sigma F_Y = 0$，得：

$$\mathrm{d}F = \mathrm{d}N \sin\alpha + \mathrm{d}f \cos\alpha \qquad (1.8.1)$$

$$\mathrm{d}f = \mu \mathrm{d}N \qquad (1.8.2)$$

式中，μ为摩擦系数；α为膨胀半锥角。

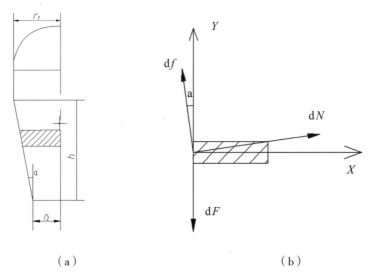

（a）   （b）

图1-3 膨胀椎体示意图及微元体计算简图

将式（1.8.2）代入式（1.8.1），得：

$$dF = dN \sin\alpha + \mu dN \cos\alpha \qquad (1.8.3)$$

依据弹塑性理论，可以推导出膨胀管膨胀所需的最小压强为：

$$p = \frac{2}{\sqrt{3}}\sigma_s \ln\frac{r_2}{r_1} \qquad (1.8.4)$$

式中，σ_s 为膨胀管的屈服极限。

在内压力 p 的作用下，膨胀锥微元体表面受到压力记为 dN_1，则

$$dN_1 = p \cdot dS_1 = p \cdot r \cdot \sqrt{1+r^2}\,d\theta dy \qquad (1.8.5)$$

式中，dS_1 为微元体的表面积。

dN_1 与 dF 之间的关系为：

$$\frac{dN_1}{\cos\alpha} = dF \qquad (1.8.6)$$

对式（1.8.3）两端积分，并联立式（1.8.4）~（1.8.6）得，

$$F = (\sin\alpha + \mu\cos\alpha)\frac{2}{\sqrt{3}}\sigma_s\frac{\pi h\tan\alpha + 2\pi ah}{\cos^2\alpha}\ln\frac{r_2}{r_1} \qquad (1.8.7)$$

最后由 $\dfrac{\partial F}{\partial \alpha} = 0$，化简即可得出最优膨胀角计算公式：

$$\sqrt[3]{\mu} = \tan\alpha \quad \text{或} \quad \alpha = \arctan\left(\sqrt[3]{\mu}\right) \qquad (1.8.8)$$

最优膨胀角与摩擦系数有关。

（2）拉胀式炮眼堵塞结构。

现有技术中，炮泥属于膏状物，塞入炮眼后封装不实，在爆炸的冲击下轻易突出炮眼，不能完全起到上述作用，降低爆破效率，增加爆破成本；同时，炮泥塞入需要具有成型工序，操作者劳动强度较大。

为解决上述问题，出现了各种用于阻塞炮眼的装置，典型结构有以下两种：①通过充高压气体膨胀阻塞炮眼端口的柱状堵塞件，与炮泥相比具有较高的堵塞强度；但是由于该堵塞件外表光滑，通过气体膨胀，接触强度较小，堵塞强度不够，在爆炸力的作用下，易于滑出炮眼，依然达不到所期望的效果；同时，该堵塞件需要配套充气装置，操作比较复杂，成本也较高，而高压气体对于该堵塞件的材料和密封性能要求较高，使用成本也大幅度提高；②阻燃炮塞，前端为外径小于炮眼的圆柱体，尾端为伞状结构，伞状结构具有褶皱可以收缩，理论上伞状结构具有卡阻作用，但是该构件具有下述缺点：伞状结构由于设置褶皱具有收拢效果，因而强度低，不能起到有效的堵塞强度；爆炸后产生的高压气体通过圆柱体与炮眼壁之间的较大间隙冲出作用于伞状结构，形成径向向内的分力，促使伞状结构收拢，则该阻燃炮塞则会随同爆破高压气体冲出，起到的爆破效果甚至还不如采用炮泥。

因此，需要一种炮眼阻塞件，结构简单，制作成本低，使用后具有较高的阻塞强度，以提高爆破效率。

为了解决炮眼快速封堵的难题，这里提供了一种拉胀式快速封堵炮眼堵塞器[5]。本实用新型结构由如下技术方案实现：一种拉胀式快速封堵炮眼堵塞器，包括胀裂筒和拉杆塞，胀裂筒为一体结构，一端为圆柱型裂筒，一端

为圆锥型支撑筒，圆柱型裂筒朝向炮孔底，圆柱型裂筒外表面设置有反向于炮孔底的倒枪刺，圆柱型裂筒朝向炮孔底一侧的周向间隔开设预裂缝，预裂缝延伸到圆锥型支撑筒侧壁；圆锥型支撑筒的大直径与圆柱形裂筒直径相同，圆锥型支撑筒底部开设滑孔；拉杆塞顶部为大锥形头，底部为小锥形头，中间为中心设有通孔的细圆柱杆，通孔内穿雷管脚线。图1-4为本实用新型胀裂筒结构示意图。

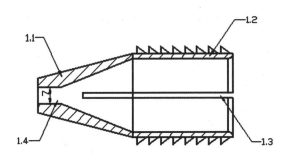

图1-4　胀裂筒结构

1.1- 圆柱型裂筒；1.2- 圆锥型支撑筒；1.3- 预裂缝；1.4- 滑孔

拉杆塞的细圆柱杆自胀裂筒的内腔塞入胀裂筒内，拉杆塞大锥形头封堵圆柱型裂筒端头，小锥形头设于圆锥形支撑筒底部。所述滑孔的直径大于细圆柱杆直径；所述圆锥形支撑筒的锥体锥角为14°；所述拉杆塞大圆锥头的锥体锥角为23°，小圆锥头的锥体锥角为45°。图1-5为拉杆塞结构示意图。

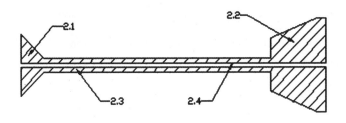

图1-5　拉杆塞结构

2.1- 大圆锥头；2.2 小圆锥头；2.3- 细圆柱杆；2.4- 通孔

本实用新型结构的有益效果是：采用一体结构的胀裂筒，胀裂筒朝向炮孔底反向设置倒枪刺，堵塞器塞入炮眼后，倒枪刺在内壁的作用发生沿堵塞器径向发生变形，产生径向向外的预应力，胀紧的同时，利用倒枪刺卡住炮眼壁表面，多点接触增大摩擦，因而具有较高的堵塞强度，在爆破高压气体的冲击下，倒刺具有较好的自锁性能；拉杆塞的细圆柱杆自胀裂的内腔塞入胀裂筒内，拉杆塞大锥形头封堵圆柱型裂筒端头，小锥形头设于圆锥形支撑筒底部，进一步提高了堵塞效果。本实用新型结构简单，制作成本低，具有较高的阻塞强度和密封效果，气密性较好，不会因爆炸气体的冲击冲出炮眼，爆炸过程中始终保持堵塞并与掘进面共同爆破失效，以提高爆破效率。图1-6为本实用新型结构示意图。

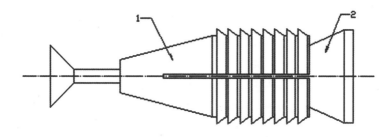

图1-6　新型结构示意图

1- 胀裂筒；2- 拉杆塞

注：1.一种拉胀式快速封堵炮眼堵塞器，其特征在于：包括胀裂筒（1）和拉杆塞（2），胀裂筒（1）为一体结构，一端为圆柱型裂筒（1.1），一端为圆锥型支撑筒（1.2），圆柱型裂筒（1.1）朝向炮孔底，圆柱型裂筒（1.1）外表面设置有反向于炮孔底的倒枪刺，圆柱型裂筒（1.1）朝向炮孔底一侧的周向间隔开设预裂缝（1.3），预裂缝（1.3）延伸到圆锥型支撑筒（1.2）侧壁；圆锥型支撑筒（1.2）的大直径与圆柱形裂筒（1.1）直径相同，圆锥型支撑筒（1.2）底部开设滑孔（1.4）；拉杆塞（2）顶部为大锥形头，底部为小锥形头，中间为中心设有通孔（2.4）的细圆柱杆（2.3），通孔（2.4）内穿雷管脚线；拉杆塞（2）的细圆柱杆（2.3）自胀裂筒（1）的内腔塞入胀裂筒（1）内，拉杆塞（2）大锥形头封堵圆柱型裂筒（1.1）端头，小锥形头设于圆锥形支撑筒（1.2）底部。

2.一种拉胀式快速封堵炮眼堵塞器，其特征在于：所述滑孔的直径大于细圆柱杆直径；所述圆锥形支撑筒的锥体锥角为14°；所述拉杆塞大圆锥头的锥体锥角为23°，小圆锥头的锥体锥角为45°。

　　本实用新型结构属工程爆破炮眼堵塞技术领域，为解决炮眼快速封堵的难题，提供的一种拉胀式快速封堵炮眼堵塞器。胀裂筒一端为圆柱型裂筒，一端为圆锥型支撑筒，圆柱型裂筒朝向炮孔底，外表面设反向于炮孔底的倒枪刺，朝向炮孔底一侧周向间隔开设延伸到圆锥型支撑筒侧壁的预裂缝；圆锥型支撑筒的大直径与圆柱形裂筒直径相同，底部开设滑孔；拉杆塞顶部为大锥形头，底部为小锥形头，中间为中心设通孔的细圆柱杆，通孔内穿雷管脚线；细圆柱杆自胀裂筒的内腔塞入胀裂筒内，大锥形头封堵圆柱型裂筒端头，小锥形头设于圆锥形支撑筒底部。结构简单，制作成本低，具有较高的阻塞强度和密封效果。

1.8.2　根据胀裂自锁原理设计的堵塞结构

　　（1）分级胀管式缓冲降尘堵塞结构。
　　为了解决目前炮眼堵塞结构堵塞效果不理想、爆炸后粉尘过高、达不到环保效果的问题，设计了一种炮眼分级胀管式缓冲降尘堵塞结构，如图1-7所示。该结构包括尾筒、多级缓冲装置、堵头。所述尾筒两端对称设有预裂缝，两端外壁设有倒枪刺，尾筒前段为最后一级缓冲级，固定多级缓冲装置，后段为胀裂筒，朝向炮孔；所述多级缓冲装置为若干胀管连接，所述胀管前段设有预裂缝，前段外壁设有倒枪刺，胀管后段为光滑的圆柱插筒，前段和后段由锥形筒连接；所述堵头为内部设有内腔体，内腔充满水，堵头前端为柱形插筒，后端为锥形封堵筒。所述尾筒前段为圆柱形插接筒，前段与后段锥形连接。所述尾筒前段直径小于后段直径，所述胀管和堵头前段直径大于后段直径。
　　使用时，先将装配好的缓冲器前段塞入炮孔，然后用力将尾筒推入炮孔，使倒枪刺刺入炮孔壁，尾筒的前后段均有一定长度的预裂缝。爆炸时，气体压力将堵头向前推，此时与堵头相连接的胀管胀裂，将下一级的胀管推动胀裂，直至卡死在炮孔里，实现缓冲堵塞。同时爆炸时，爆生气体产生的应力波将堵头前膜冲破，产生高温，水溶液变为水蒸气与粉尘混合，达到降尘的目的。

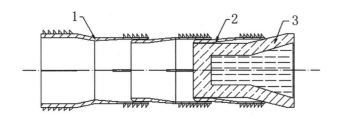

图1-7　分级胀管式缓冲降尘堵塞结构

1- 尾筒；2- 多级缓冲装置；3- 堵头

（2）双开口胀裂预紧堵塞结构。

本结构采用如下的技术方案实现：一种多级式双开口胀裂可预紧堵塞器，其特征在于分为三部分，分别为双开口预紧胀筒1，分级推进杆2，手动自锁预紧杆3。图1-8为双开口预紧胀筒示意图，图1-9为分级推进杆示意图，图1-10为手动自锁预紧杆示意图，图1-11为实用新型结构示意图。

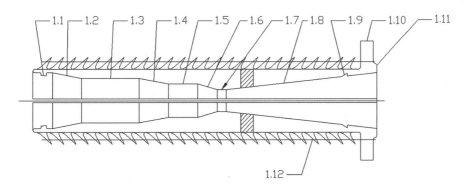

图1-8　双开口预紧胀筒示意图

1.1-滑道导向块；1.2-第一级胀紧斜道；1.3-第一级缓冲斜道；1.4-第二级胀紧斜道；1.5-第二级缓冲斜道；1.6-第三级胀紧斜道；1.7-第三级缓冲斜道；1.8-预紧斜面Ⅰ；1.9-预紧推杆卡扣；1.10-外空受力座；1.11-预留锤击凸台；1.12-倒刺

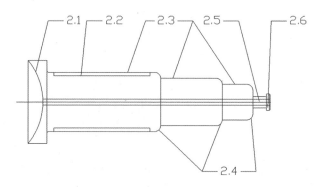

图1-9   分级推进杆示意图

2.1-扣盖；2.2-移动滑道；2.3-分级塞杆；2.4-胀紧过渡配合圆角；2.5-卡扣缓冲过渡杆；2.6-卡扣；2.7-导线通孔

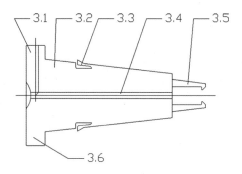

图1-10   手动自锁预紧杆示意图

3.1-雷管导线外圆出口；3.2-预紧斜面Ⅱ；3.3-卡扣；3.4-雷管导线中间孔；3.5-子弹推杆卡扣；3.6-外圆柱凸起面

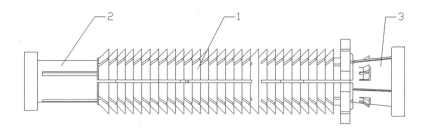

图1-11   实用新型结构示意图

1-双开口预紧胀筒；2分级推进杆；3-手动自锁预紧杆

结合图1-8至图1-11对本实用新型的具体实施方式作进一步说明。

所述的双开口预紧胀筒1外壁设置倒刺、内设通孔，通孔内壁由一个阶梯锥孔和一个直锥孔组成，两锥孔的小头端相接；所述的阶梯锥孔自外而内包括凸起的滑道导向块1.1以及由若干胀紧斜道和缓冲道连接而成的径向尺寸逐渐减小的结构部分；所述的若干胀紧斜道和缓冲道连接而成的径向尺寸逐渐减小的结构部分包括依次连接的第一级胀紧斜道1.2、第一级缓冲道1.3、第二级胀紧斜道1.4、第二级缓冲道1.5、第三级胀紧斜道1.6以及第三级缓冲道1.7，所述直锥孔的小头端与第三级缓冲道1.7相交，直锥孔之内临近其大头端设置有预紧推杆卡扣1.9。倒刺1.9外径大于炮孔壁的内径，与水平夹角为45度，直接与炮孔壁结合，在装入过程中也能够起到一定程度的预紧，降低堵塞器整体冲出的可能。所述的双开口预紧胀筒1外壁末端设置有相对外壁凸起的外空受力座1.10，外空受力座1.8上有预留锤击凸台1.11。

所述分级推进杆2包括依次连接且直径递减的扣盖2.1、各分级塞杆2.3以及卡扣缓冲过渡杆2.5，卡扣缓冲过渡杆2.5端部连接卡扣2.6，子弹推杆2内开设导线通孔2.7；扣盖2.1为内凹型圆球面，便于应力波折射和反射，降低应力波对双开口预紧胀筒1正面的冲击能量。

手动自锁预紧杆3包括锥形体的预紧斜面3.2，预紧斜面内设雷管导线中间孔3.4，预紧斜面3.2的大头端连接外圆柱凸起面3.6，预紧斜面3.2小头端设置子弹推杆卡扣3.5，预紧斜面3.2上也设置卡扣3.3。所述的外圆柱凸起面3.6上设有雷管导线外圆出口3.1与雷管导线中间孔3.4连通。

移动滑道2.2作用：胀裂塞整体装入炮眼中，由于炮孔与胀裂塞接合不合适（间隙过大），而要整体更换合适的胀裂塞，取出方便而设计。分级推进杆2作为接受爆炸冲击能量的结构，双开口预紧胀筒1为主要的工作装置，外面的倒刺与炮眼壁紧密结合在爆炸过程中主要起到堵塞炮眼使得爆炸能量全部用于岩石的受力胀裂过程中，并起到一定的降低粉尘改善工作环境的作用。

本实用新型工作过程描述如下：

在爆破的准备前期，需要将双开口预紧胀筒1与分级推进杆2组装到一块，留下手动自锁预紧杆3。然后将双开口预紧胀筒1与分级推进杆2组装体塞进炮孔中，旋转1.10外空受力座使炮孔壁与双开口预紧胀筒1接合的更加紧密，从而改善堵塞效果。最后将手动自锁预紧杆3装入双开口预紧胀筒1

中，手动自锁预紧杆3顺着双开口预紧胀筒1的滑道装入，并通过锤击手动自锁预紧杆3使其完全进入到双开口预紧胀筒1中，使得双开口预紧胀筒1的外开口胀紧并于炮眼壁接合的更加紧密，从而起到预紧的作用。同时二者间的卡扣扣紧，由于手动自锁预紧杆3与双开口预紧胀筒1的接合面角度小于其自锁角，且有卡扣扣合的作用，保证了在爆炸工程中胀塞整体不会蹦出。

分级推进杆2在爆炸运动的过程中，通过1.2第一级胀紧斜道，使第一级胀紧斜道胀开使其与炮孔壁紧密结合，接着分级推进杆2通过1.3第一级缓冲斜道与1.4第二级胀紧斜道，使1.3第一级缓冲斜道与1.4第二级胀紧斜道同时胀裂，使双开口预紧胀筒1与炮孔壁结合更紧密，然后分级推进杆2继续推进，使1.5第二级缓冲斜道，1.6第三级胀紧斜道胀裂和1.3第一级缓冲斜道同时胀裂，最后进入1.7第三级缓冲斜道，最终使2.6卡扣挤入3.5子弹推杆卡扣。

本实用新型具有如下有益效果：1多级式双开口胀裂可预紧堵塞器的端口在安装的过程中，由于在炮眼孔靠外面一段距离处进行了锤击胀紧预紧（使用锤子将3手动自锁预紧杆锤入到1双开口预紧胀筒中形成预紧）。这样可以有效地防止堵塞器在爆炸过程中整体冲孔的情况（不必再加一个分级推进杆）。

1.8.3　根据楔形形式设计的堵塞结构

采用机械动作式堵塞结构可以延长堵塞作用时间，能达到堵塞速度快、堵塞效果好的目的。机械动作式堵塞结构适应性强，使用方便、成本低，但是其存在可靠性较低、堵塞率不高等问题，均达不到理想效果，为了解决上述问题，设计出了一种炮眼楔形体堵塞结构，其实物图如图1-12所示。

该炮眼楔形体堵塞结构，其特征在于配合使用的两个楔形块，所述的两个楔形块为楔形块Ⅰ和楔形块Ⅱ，大头端朝向炮眼底的楔形块Ⅰ的内外表面均为光滑，小头朝向炮眼底的楔形块Ⅱ的内表面光滑、外表面设置有倒枪刺。

图1-12　楔形体堵塞结构实物图

楔形块Ⅰ的内表面中心沿炮眼轴向方向开设有雷管脚线可穿过的槽孔。以便脚线方便的从中穿过而不会受到挤压损伤。

楔形块Ⅱ的长度比楔形块Ⅰ的长度要短一些，其目的是堵塞结构初期自锁后，楔形块Ⅱ的小头不会暴露在外，这样会使爆破冲击波主要作用在楔形体Ⅰ的大头上，促使楔形块Ⅰ与楔形块Ⅱ实现进一步的相对滑动，实现进一步的自锁堵塞。楔形体堵塞结构如图1-13所示。

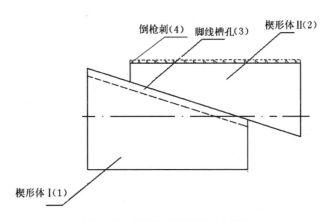

倒枪刺(4)　脚线槽孔(3)　楔形体Ⅱ(2)

楔形体Ⅰ(1)

图1-13　楔形体堵塞结构示意图

楔形体堵塞结构堵塞机理分析：为了阻止受力的炮眼塞向炮孔口进一步的移动，提高堵塞的效果，在炮孔口设置了楔形体堵塞结构。楔形体堵塞结构包括配合使用的两个楔形块。楔形堵塞体的初期闭锁是靠人工作用的，楔形块Ⅰ大头朝里,由人工预先固定在炮眼口,然后将楔形块Ⅱ的小头朝里插入炮孔,由人工用小锤撞击楔形块Ⅱ的大头,先将楔形体实现胀裂闭锁,以便使堵塞结构能提供初始的堵塞阻力,从而实现炮眼的堵塞,而后期楔形体的进一步闭锁胀裂是靠炮眼内部爆破冲击波的推动作用实现的,炮眼内部爆破冲击波冲击楔形块Ⅰ的大头,从而使楔形块Ⅰ与楔形体Ⅱ再次实现相对运动,达到进一步的胀裂堵塞。大头端朝向炮眼底的楔形块Ⅰ的内外表面均为光滑,目的是在炮眼内部爆破冲击波的冲击作用下便于与楔形体Ⅱ产生相对运动,实现进一步的胀裂自锁,从而进一步提高堵塞效果。小头朝向炮眼底的楔形块Ⅱ的内表面光滑、外表面设置有倒枪刺,以便在楔形体Ⅰ有向炮眼口移动趋势时,增大其与炮眼壁的摩阻力,尽可能地促使楔形块Ⅱ不动,从而迫使楔形块Ⅰ与楔形块Ⅱ能产生相对滑移,达到进一步胀裂堵塞之目的。

1.9　钻孔爆破炮孔堵塞数值模拟分析1

为了考察钻孔爆破炮孔合适的堵塞长度及应力波在孔内传播规律,采用理论分析和数值模拟相结合的方法对炮孔堵塞机理进行分析,在基本假设的基础上,通过对堵塞物动力学规律研究,并考虑了堵塞物的压缩变形,建立了堵塞长度的计算模型并验证了其合理性。通过有限元分析软件模拟了该堵塞长度下的单孔爆炸应力云图及炮孔底部和临空面处的动力响应曲线,结果表明:应力波以球面波的形式向外传播,炮孔装药中心区域最先出现应力,而且应力最大,应力波经过反射叠加最终释放。炮孔底部的应力在极短时间迅速达到峰值,然后上下震荡,逐渐在某一值上趋于稳定。炸药爆炸产生的应力波在很小一段时间后传到临空面,临空面应力迅速达到峰值,然后迅速下降直至应力波全部释放。该方法可以为炮孔堵塞分析提供参考。

1.9.1　考虑压缩变形的堵塞长度力学模型

图1-14为堵塞物运动受力模型，为了便于计算，需对此模型做以下假设：

（1）堵塞物在炮孔内做匀加速直线运动；

（2）爆生气体为理想气体；

（3）被压缩后的堵塞物视为刚体。

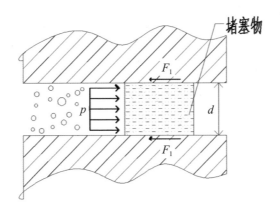

图1-14　堵塞物动力学模型

假定炸药爆炸前堵塞物的直径为 d，堵塞物长度为 l_0，爆炸后由于爆生气体的作用，堵塞物产生了径向变形导致堵塞物与炮孔壁结合紧密，而此时堵塞物的轴向变形减小，即堵塞物发生了轴向压缩变形，记为 Δl。爆炸后，堵塞物的直径增加为炮孔直径 d_1 根据堵塞物在爆炸前后体积不变规律，知：

$$\frac{1}{4}\pi d^2 l_0 = \frac{1}{4}\pi d_1^2\left(l_0 - \Delta l\right)$$

（1.9.1）

根据（1.9.1）式知：

$$\Delta l = \frac{d_1^2 - d^2}{d_1^2}l_0$$

（1.9.2）

假设被压实的堵塞物与炮孔口平齐，当被压实的堵塞物冲出炮孔之时，岩石完全破碎。

被压实的堵塞物质量为：

$$m = \frac{1}{4}\pi d_1^2 l_1 \rho_0 \qquad (1.9.3)$$

式中，d 为炮孔直径，m；l_1 为堵塞物压实后的堵塞长度，m；ρ_0 为堵塞物密度，kg/m³。

根据牛顿第二定律和运动学的计算规律，有：

$$F - F_1 = ma \qquad (1.9.4)$$

$$F = pA = p\frac{1}{4}\pi d_1^2 \qquad (1.9.5)$$

由于堵塞物受到炮孔壁的法向约束力，根据泊松效应，堵塞物运动时受到的摩擦力为：

$$F_1 = \pi d_1(l_1 - x)\lambda f p \qquad (1.9.6)$$

其中
$$\lambda = \frac{\mu}{1 - \mu} \qquad (1.9.7)$$

式中，F_1 为堵塞物移动时所受炮孔的摩擦阻力，N；λ 为侧向压力系数；x 为堵塞物在炮孔中的位移，m；f 为堵塞物与炮孔壁的动摩擦系数；μ 为岩石动态泊松比，一般为 $0.8\mu_0$ [16]；μ_0 为岩石静态泊松比。

联立公式（1.9.3）~式（1.9.7），得堵塞物在炮孔内的加速度为：

$$a = \frac{F - \pi d_1(l_1 - x)\lambda f p}{m} \qquad (1.9.8)$$

很明显堵塞物在炮孔内部做变加速运动，根据假设（1），堵塞物在炮孔内做匀加速直线运动，可取平均加速度作为匀加速直线运动的加速度，则 $x = \frac{l_1}{2}$，有：

$$a = \frac{2F - \pi d_1 l_1 \lambda f p}{2m} \tag{1.9.9}$$

根据动量定理有：

$$\left(F - F_1\right)t_1 = mv_1 - mv_0 \tag{1.9.10}$$

式中，t_1 为堵塞物在炮孔内运动的时间；v_1 为堵塞物离开炮孔时的速度；v_0 为堵塞物在炮孔中的初速度，由于从静止开始运动，故 v_0 为0。

根据运动学知识得：

$$l_1 = \frac{v_1^2}{2a} \tag{1.9.11}$$

联立公式（1.9.9）~（1.9.11）得：

$$t_1 = \sqrt{\frac{l_1^2 \pi d_1^2 \rho_0}{2F - \pi d l_1 \lambda f p}} \tag{1.9.12}$$

按照气体膨胀作用破岩理论，认为裂纹扩展速度是爆生气体膨胀引起的，假设裂纹扩展至自由面的时间即是爆生气体的破岩时间，则破岩时间为：

$$t_2 = \frac{w}{V_k} \tag{1.9.13}$$

$$V_k = 0.28 C_p \tag{1.9.14}$$

如果破岩时间 t_2 等于堵塞物整体被推出时间 t_1 时，则破岩较好，堵塞长度最佳，即：

$$t_1 = t_2 \tag{1.9.15}$$

联立（1.9.12）~（1.9.15）式得出泡泥被压实时最优长度计算公式：

$$l_1 = \frac{\sqrt{\left(\dfrac{w}{V_k}\right)^4 \lambda^2 f^2 p^2 + 2\left(\dfrac{w}{V_k}\right)^2 d_1^{\,2} \rho_0 p} - \left(\dfrac{w}{V_k}\right)^2 \lambda f p}{2\rho_0 d_1}$$ （1.9.16）

式中，w 为最小抵抗线，m；l_1 为堵塞物被压实时的最优堵塞长度，m；a 为堵塞物受到爆生气体作用时的加速度，m/s²；V_k 为裂纹扩展速度，m/s；t_1 为堵塞物在炮孔停留的时间，s；t_2 为破岩时间，s；ρ_0 为堵塞物密度，kg/m³；d 为炮孔直径，m；C_P 为岩体中纵波速度，m/s。

堵塞物最优堵塞长度计算公式为：

$$l_2 = l_1 + \Delta l$$ （1.9.17）

即：$$l_2 = \frac{\sqrt{\left(\dfrac{w}{V_k}\right)^4 \lambda^2 f^2 p^2 + 2\left(\dfrac{w}{V_k}\right)^2 d_1^{\,2} \rho_0 p} - \left(\dfrac{w}{V_k}\right)^2 \lambda f p}{2\rho_0 d_1} + \frac{d_1^{\,2} - d^2}{d_1^{\,2}} l_0$$
（1.9.18）

令 $l_0 = l_2$，最终得到最优堵塞长度计算公式：

$$l_2 = \frac{l_1 d_1^{\,2}}{d^2}$$ （1.9.19）

当炮孔内轴向连续装药的情况下，爆生气体初始压力为[17]：

$$p = \frac{\rho_1 V_b^{\,2}}{2(\alpha + 1)} \cdot k^{-2\alpha} \cdot n$$ （1.9.20）

式中，ρ_1 为炸药密度，kg/m³；V_b 为炸药爆速，m/s；k 为冲击波的透射系数；α 为爆轰产物的等熵指数，一般取3；n 为轴向装药系数。

为了得到堵塞物的最优长度，采取径向连续耦合装药，根据文献[2]已知的爆破参数和炸药参数：炮孔直径 d_1 为0.04 m，炮孔深 L 为1 m，最小抵抗线 w 为0.5 m，堵塞物密度 ρ_0 为2 000 kg/m³，炸药爆速 V_b 为4000 m/s，泊松比 μ_0 为0.3，摩擦系数 f 为0.05，侧向压力系数 λ 为0.316，岩体中纵波速度 c_p

为3 600 m/s，冲击波的透射系数 k 为1.45，岩体爆破裂缝的扩展速度 V_k 为1 008 m/s，炸药密度 ρ_1 为1 000 kg/m³，轴向装药系数 n 取10。

　　假设堵塞物直径 d 为0.038 m，按照气体膨胀作用破岩理论的最优堵塞长度计算模型将以上参数代入公式（1.9.19）中，可得堵塞物最优堵塞长度为 $l_2 = 0.35$ m。根据文献[2]知：堵塞的合理长度范围在0.35 ~ 0.45 m，在合理范围之内。

1.9.2　数值模拟分析

　　采用ANSYS/LS-DYNA建模，如图1-15所示，模拟区域尺寸为1.5 m×1.5 m，炮孔深度为0.62 m，孔径为0.04 m，堵塞长度为0.35 m，孔底矩形连续耦合装药，装药量0.3 kg。划分网格如图1-16所示，设置临空面为反射面，在模型的对称面施加对称边界条件，其余边界施加无反射边界条件。

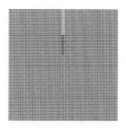

图1-15　爆破模型图　　　　图1-16　网格划分图

　　炸药使用乳化炸药，采用*MAT-HIGH_EXPLOSIVE_BURN关键字定义，参数如表1-1所示；岩体使用花岗岩模拟，采用*MAT_PLASTIC_KINEMATIC关键字定义，材料参数如表1-2所示。堵塞物采用黏土，采用关键字*MAT_SOIL_AND_FOAM定义。炸药、花岗岩岩体、堵塞黏土均采用Euler网格建模，使用*ALE_MULTI-MATERIAL_GROUP关键字定义多物质ALE算法。计算炸药爆炸后的等效应力云图，如图1-17中所示，应力波以球面波的形式向外传播，炮孔装药中心区域最先出现应力，而且应力最大。$t=0.039\ 9$ ms时，应力波以近似椭圆形状向外扩散；$t=0.149$ ms时，应力波开始在堵塞物中传播，应力波以波的形式向外传播；$t=0.229$ ms时，应力波到达临空面并开始反射；$t=0.389$ ms时，应力波反射并叠加；$t=0.929$ ms时爆轰产生的应力场卸载，应力波基本释放。最后考察节点H106和H268处的应力随时间的变化曲线，考察点位置如图1-18所示，H106处代表炮孔底部，H268代表临空面。H106和H268处的应力随时间的变化曲线如图1-19、图1-20所示，从图1-19可以看出H106处的应力在极短时间迅速达到峰值，为1.41 GPa，然后逐渐稳定在0.45 GPa左右；从图1-20可以看出H268处的应力在很小一段时间为0，在接近于0.2 ms时，应力波传播到自由端，应力波显现，达到0.1 MPa左右，然后迅速下降。

表1-1　乳化炸药参数

炸药密度ρ/（g/cm³）	炸药爆速D/（m/s）	爆压P/GPa	表征炸药特性参数A/GPa	表征炸药特性参数B/GPa	表征炸药特性参数R_1	表征炸药特性参数R_2	表征炸药特性参数ω	单位体积内能E/GPa
1.24	5 500	27	214	0.18	4.15	0.95	0.15	4.19

表1-2　花岗岩材料参数

密度ρ/（g/cm³）	弹性模量E/GPa	泊松比μ	切变模量E_T/GPa	屈服极限σ_γ/MPa	失效应变e
2.5	12	0.21	0.5	48	0.06

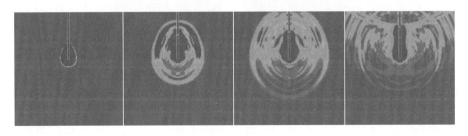

$t=0.039\ 9$ ms　　　　$t=0.149$ ms　　　　$t=0.229$ ms　　　　$t=0.389$ ms

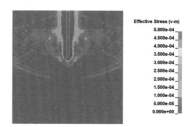

$t=0.929$ m

图1-17　堵塞长度为0.35 m时不同时刻的等效应力云图

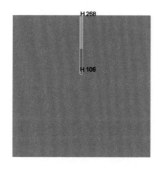

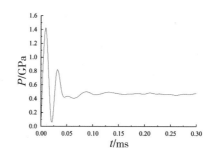

图1-18　考察点位置图　　图1-19　H106处的应力随时间的变化曲线

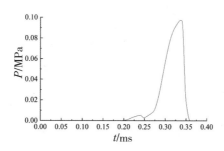

图1-20　H268处的应力随时间的变化曲线

1.9.3　结论

（1）考虑了堵塞物的压缩因素建立的堵塞长度计算模型较为合理。该计算模型为堵塞物长度的合理设计提供了理论依据。

（2）数值模拟方法结果表明：应力波以球面波的形式向外传播，炮孔装药中心区域最先出现应力，而且应力最大，应力波经过反射叠加最终释放。炮孔底部的应力在极短时间迅速达到峰值，然后上下震荡，逐渐在某一值上趋于稳定。炮孔临空面的应力，在很小一段时间过后才传到临空面，此时临空面应力迅速达到峰值，然后迅速下降直至应力波全部释放。该方法可为堵塞分析提供借鉴。

1.10　钻孔爆破炮孔堵塞数值模拟分析2

为了考察炮孔堵塞对小口径深孔爆破效果的影响，采用数值模拟的方法对爆炸荷载作用下小口径单孔堵塞进行分析，利用有限元分析软件对爆炸荷载作用下的炮孔有堵塞和无堵塞情形分别进行数值模拟，得到不同时刻爆炸应力云图，不同堵塞长度的损伤云图。对比结果表明：在爆炸的大部分时间里，有堵塞时的最大应力明显高于无堵塞时的最大应力。相比无堵塞情形，爆炸荷载作用下有堵塞炮孔周边损伤程度更严重，破碎块体更小。

1.10.1 数值模拟分析

（1）参数设置。

采用AUTODYN建立模型为3 m×3 m×3 m的三维混凝土断面，为了节约时间，降低计算量，将三维模型二维化处理，分别填充炸药、堵塞物，空气，如图1-21所示。炮孔直径0.04 m，深度1 m。采用柱形连续装药，卷装乳化炸药直径32 mm，长度355 mm，重量0.3 kg。堵塞物采用砂土材料，密度是1.674 g/cm³，堵塞物直径为40 mm，长度为0、200 mm和400 mm。网格划分如图1-22所示。

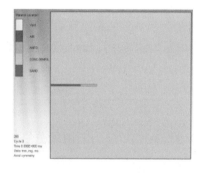

图1-21 爆炸模型图

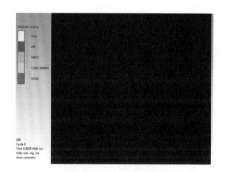

图1-22 网格划分图

炸药参数如表1-3所示，混凝土材料参数如表1-4所示，空气参数如表1-5所示。数值计算采用 AUTODYN 材料库中的CONC-35MPA模型作为混凝土材料，材料本构模型选择RHT concrect模型和RHT concrect失效模型。由Riedel等提出的RHT 模型能描述混凝土从弹性到失效的整个过程，被广泛地用于冲击荷载下混凝土的损伤断裂问题研究。堵塞物采用砂土。炸药、混凝土体、堵塞砂土均采用lagrange网格建模，空气采用Euler网格建模，使用ALE算法。ALE算法可以克服固体大变形数值计算的难题。

表1-3   乳化炸药参数

炸药密度ρ/(g/cm³)	炸药爆速D/(m/s)	爆压P/GPa	表征炸药特性参数A/GPa	表征炸药特性参数B/GPa	表征炸药特性参数R₁	表征炸药特性参数R₂	表征炸药特性参数ω	单位体积内能E/GPa
1.03	4 160	27	49.46	1.89	3.91	1.12	0.33	5.15

表1-4   CONC-35MPA材料参数

密度(g/cm³)	抗压强度MPa	切变模量GPa	抗拉强度(ft/fc)	抗剪强度(fs/fc)
2.314	35	16.7	0.1	0.18

表1-5   空气参数

空气密度ρ/(g/cm³)	材料常数γ	空气初始内能e/(KJ/kg)
1.225	1.4	2.068×10^5

（2）模拟结果。

堵塞长度为200 mm、400 mm和无堵塞的爆破等效应力云图，分别如图1-23～图1-25所示。从图1-23和图1-24可以看出，应力波以球面波的形式向外传播，柱形装药中心区域出现最大应力。$t=0.04$ ms时，应力波以近似椭圆形状向外传播；$t=0.12$ ms时，应力波开始在堵塞物中传播，应力波以波的形式向自由面传播；$t=0.8$ ms时，应力波到达临空面并开始反射；$t=1.08$ ms时，应力波反射并叠加；$t=2$ ms时，应力波基本释放。从图1-25可以看出无堵塞时应力波冲孔明显。堵塞长度分别为200 mm、400 mm和无堵塞的爆破损伤云图如图1-26所示，从图1-26可以看出，堵塞长度为200 mm和400 mm的炮孔周围的损伤程度比无堵塞情况下的损伤程度严重，而且破碎块体较小，爆破效果好。

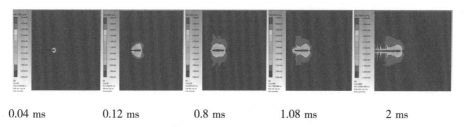

0.04 ms　　　　0.12 ms　　　　0.8 ms　　　　1.08 ms　　　　2 ms

图1-23　堵塞长度为200 mm时不同时刻的等效应力云图

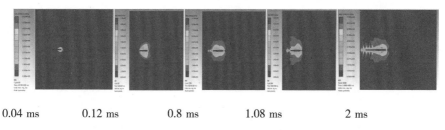

0.04 ms　　　　0.12 ms　　　　0.8 ms　　　　1.08 ms　　　　2 ms

图1-24　堵塞长度为400 mm时不同时刻的等效应力云图

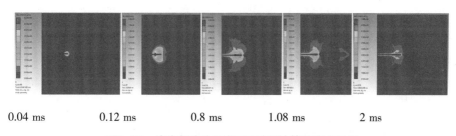

0.04 ms　　　　0.12 ms　　　　0.8 ms　　　　1.08 ms　　　　2 ms

图1-25　堵塞长度为0时不同时刻的等效应力云图

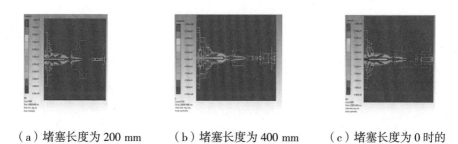

（a）堵塞长度为200 mm　　（b）堵塞长度为400 mm　　（c）堵塞长度为0时的
　　时的损伤云图　　　　　　　时的损伤云图　　　　　　　损伤云图

图1-26　不同堵塞长度时混凝土块的损伤云图

1.10.2   结论

通过数值模拟可以看出：堵塞时的单孔爆破损伤程度比无堵塞的单孔爆破损伤程度严重，而且破碎块体较小，有堵塞比无堵塞爆破效果好。

1.11   实验评价体系方案的建立

钻孔爆破工程中，堵塞质量决定爆破质量，堵塞质量的高低直接决定爆破质量的高低。堵塞质量高，爆生气体和爆炸产生的应力波作用于岩体的时间比较充分，破岩效果较好。为了提高堵塞质量，人们设计了多种堵塞结构，如黏土堵塞结构、胀裂管状堵塞结构等。为了验证这些堵塞结构的堵塞效果，往往需要设计了冲击试验和爆破试验进行验证。

1.11.1   冲击试验

图1–27为冲击实验设计示意图，将质量为m的重锤摆至与竖向方向夹角为θ的位置，然后由静止开始释放，重锤会以摆线长为半径作圆周运动，重锤的重力势能转化为动能，当到达最低点时，重锤速度达到最大，此时，根据动量定理，求出作用在传递棒的冲击力，重锤对传递棒的冲击力为最大，然后根据冲击力得出冲击应力，同时测得在冲击应力下，堵塞物的冲击距离。摆角越大，重锤的冲击力通过传递棒的传递对堵塞结构的冲击力越大，堵塞结构的冲击位移就越大，通过不同摆角下，重锤对传递棒的冲击位移的变化验证堵塞结构的堵塞效果。

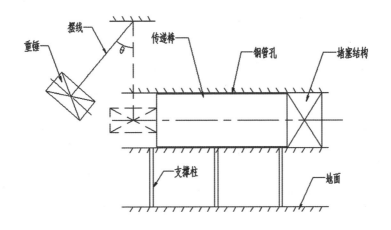

图1-27　冲击实验设计示意图

假设摆线长为l，重锤质量为m_1，传递棒质量为m_2，堵塞结构的质量为m_3，重锤到达最低点时的速度为V_1，假设与传递棒碰撞以后的速度为V_2，冲击时间为T，冲击力为F，钢管孔的直径为d，堵塞结构的冲击位移为S。

作如下假设：（1）冲击后的堵塞结构不产生压缩变形；（2）传递棒与钢管孔内壁无摩擦。

首先由能量转化原理得：

$$m_1gl\left(1-\cos\theta\right)=\frac{1}{2}m_1v_1^2 \qquad (1.11.1)$$

由此可求出重锤到达最低点时的速度：

$$v_1=\sqrt{2gl\left(1-\cos\theta\right)} \qquad (1.11.2)$$

重锤达到最低点后以速度v_1冲击传递棒冲击时间为t，则根据动量守恒得：

$$m_1v_1=\left(m_1+m_2+m_3\right)v_2 \qquad (1.11.3)$$

则冲击后传递棒和堵塞结构的速度 v_2 为：

$$v_2 = \frac{m_1 v_1}{m_1 + m_2 + m_3} \quad\quad (1.11.4)$$

根据动量定理有：

$$Ft = m_1 v_1 \quad\quad (1.11.5)$$

重锤冲击时传递棒和堵塞结构的冲击力 F 为：

$$F = \frac{m_1 v_1}{t} \qu\quad (1.11.6)$$

图1-28为堵塞结构受力图，根据牛顿第二定律有：

$$F - f = \left(m_2 + m_3\right)a \quad\quad (1.11.7)$$

摩擦力有：

$$f = \pi d(l_0 - x)p\lambda\mu \quad\quad (1.11.8)$$

堵塞结构的加速度 a 为：

$$a = \frac{F - \pi d(l_0 - x)p\lambda\mu}{m_2 + m_3} \quad\quad (1.11.9)$$

视堵塞结构以初速度为 v_2 做匀减速直线运动，用平均加速度代替其加速度，故有 $x = \dfrac{l_0}{2}$ 代入式（1.11.9）得：

$$a = \frac{2F - \pi d l_0 p\lambda\mu}{2m_2 + 2m_3} \quad\quad (1.11.10)$$

堵塞结构冲击距离 S 为：

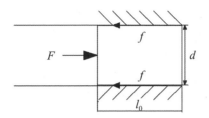

图1-28　堵塞结构受力模型

$$s = \frac{v_2^2}{2a} \qquad (1.11.11)$$

通过比较冲击距离S的大小来确定堵塞结构的堵塞效果，S越小表示堵塞结构的堵塞能力越大，堵塞效果较好，反之则堵塞效果不好。

按照图1-27设计重锤冲击试验，通过改变重锤质量和摆角来测试黏土堵塞结构和胀裂管状堵塞结构的封堵能力，随着重锤质量和摆角的增大，冲击能力不断增强，可以验证不同堵塞结构的堵塞效果和能力。

1.11.2　现场爆破试验

目前，煤矿深孔爆破普遍采用黏土+水炮泥的方法堵塞炮孔，井下工人在使用黏土+水炮泥堵塞结构时，用炮棍捅捣炮泥的力度掌握难度大，易造成封堵不实而影响爆破效果；或者造成捅捣太实引起炸药性能的改变，从而影响爆破效果。黏土+水炮泥结构如图1-29所示，这种堵塞方法优点在于：堵塞操作简单方便，堵塞成本较低等；其弊端为：封堵质量差，炮眼利用率低，产生粉尘浓度高，炸药用量大。针对以上问题，研制出一种胀管式注水炮孔堵塞结构，该结构实物图如图1-30所示：该结构由胀管和堵头组成，爆生气体膨胀使堵头相对于胀管移动，胀管在堵头的推动下膨胀裂开，达到与炮孔壁增阻自锁的目的，堵头相对于炮孔底部一端采用圆头设计，可以对爆炸产生的应力波起到反射作用，提高对岩石的破碎效果。在大同挖金湾矿进行现场爆破实验，应用效果良好。该结构不仅能够提高爆破质量，降低爆破成本，而且可以达到降尘的效果。

图1-29　黏土+水炮泥堵塞结构实物图

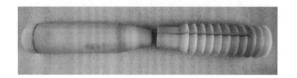

图1-30　胀管注水炮孔堵塞结构实物图

1.11.3　结论

（1）胀裂管状堵塞结构堵塞能力优于黏土堵塞结构堵塞能力。

（2）胀管式注水结构相对于黏土+水炮泥结构炮眼利用率有所提高，装药量有所下降。实现了减小爆破成本，提高爆破质量的目的。

参考文献

[1] 周志强，易建政，蔡军锋，等.炮孔堵塞物的作用及其研究进展[J].爆破器材，2009，38（5）：29-33.

[2] 赵新涛，程贵海，冯建国.炮孔堵塞长度的计算与实验研究[J].力学季刊，2010，31（2）：165-171.

[3] 张袁娟，韩红强，黄金香，等.炮孔堵塞对爆破效果影响研究[J].煤炭技术，2014，33（5）：101-103.

[4] 赵新涛，刘东燕，程贵海，等.爆生气体作用机理及岩体裂纹扩展分析[J].重庆大学学报（自然科学版），2011，34（6）：75-80.

[5] 王琛，文忠，曹梦宇.隧道爆破中炮泥的作用与堵塞长度计算[J].采矿技术，2011，11（5）：118-120.

[6] 罗伟，朱传云，祝启虎.隧洞光面爆破中炮孔堵塞长度的数值分析[J].岩土力学，2008，29（9）：2487-2492.

[7] 丁希平，王中黔，冯叔瑜.堵塞长度对台阶爆破作用影响的数值模拟[J].煤炭学报，2001，26（4）：370-373.

[8] 唐中华，张志呈，陆文，等.炮孔堵塞及堵塞方法对爆破效果的影响[J].西南工学院学报，1998，13（2）：64-66.

[9] 任少峰，余红兵，赵明生，等.堵塞长度对巷道掘进掏槽爆破效果影响研究[J].爆破，2017，34（2）：51-54.

[10] 李启月，刘冰川，陈亮，等.深孔爆破一次成井炮孔合理堵塞长度[J].科技导报，2013，31（19）：15-19.

[11] 张艳军，雷美荣，宁掌玄，等.基于浅孔水平爆破效果的堵塞参数的研究[J].中国煤炭，2016，42（9）：41-45.

[12] 薛勇军.岩巷定向断裂控制爆破机理与参数优化研究[J].中国煤炭，2006（11）：29-33.

[13] 罗勇，沈兆武.钻孔爆破中炮孔堵塞效果及堵塞长度的研究[J].力学与实践，2006，28（2）：48-52

[14] ISAKOV A L.Model investigation of stemming behavior and calculation of the pulse during firing of borehole charges [J]. Soviet Mining Science，1979，15（4）：331-339.

[15] 张艳军，雷美荣，宁掌玄.炮孔楔形体堵塞结构研究[J].煤炭工程，2015，47（1）：60-65.

[16] 张艳军，雷美荣，宁掌玄，等.快速封堵注水胀裂管状炮眼堵塞结构：

中国，zl201420470671.x[P]，2015-01-07

[17] 金龙哲，刘结友，于猛.高效水炮泥的降尘机理及应用研究［J］. 北京科技大学学报，2007，29（11）：1079-1082.

[18] 牛江瑞，杨建华，姚池.炮孔内爆炸荷载非均匀性对激发动应力场的影响[J].人民长江，2016，47（3）：83-87.

[19] 罗伟，朱传云，祝启虎.隧洞光面爆破中炮孔堵塞长度的数值分析[J].岩土力学，2008，29（9）：2487-2492.

[20] 张艳军，雷美荣，宁掌玄.炮眼堵塞结构设计及参数优化[J].爆破，2017，34（2）：55-59.

[21] 李国平，杨伟，王华，等.露天台阶爆破炮孔路料堵塞工业试验研究[J].矿业研究与开发，2016.36.（5）：42-45.

[22] 李延龙，史秀志，刘博，等.水炮泥合理堵塞长度的试验研究[J].爆破，2015，32（2）：11-38.

[23] 杨东辉，宁掌玄，赵毅鑫，等. 冲击载荷下新型炮眼堵塞结构的力学特征研究[J].地下空间与工程学报，2020，16（2）：608-614.

[24] 徐颖，宗琦.地下工程爆破理论与应用[M].徐州：中国矿业大学出版社，2001，3-5.

[25] 张艳军，雷美荣.钻孔爆破堵塞因素分析[J].煤炭技术，2019，38（7）：68-70.

[26] RIEDEL W. Beton unter dynamischen lasten：meso-und makromechanische modelle und ihre Parameter [J]. EMI，2000.

[27] HARTMANN T，PIETZSCH A，GEBBEKEN N. A hydrocode material model for concrete [J]. International Journal of Protective Structures，2010，1（4）：443-468.

[28] 张艳军，雷美荣.钻孔爆破炮孔堵塞长度分析[J].爆破，2021，38（3）：45-49.

第2章

力学在选煤工程中的应用

2.1 研究背景

跳汰选煤是一种在脉动水流中实现物料按密度分选的重力选煤方法，是目前的主要选煤方法之一，在我国大约占原煤入选量的30%。动筛跳汰机是一种用于块煤分选的跳汰选煤设备[1]。动筛跳汰机依靠在水介质中上下往复运动的筛板使筛面上的被选物料得以按密度分层，分选过程中，筛板上升时带动被选物料上升到一定高度，而筛板在机械力作用下快速下落时，被抛起的物料在重力作用下做自由落体运动，由于煤与矸石密度不同，二者下落速度不同开始分层。煤的密度小、下落速度慢，矸石密度大、下落速度快，通过不断地往复运动，矸石沉入床层底层、煤浮在上层，从而实现按密度分选。从入料端向排料端，筛板以一定角度向下倾斜，促使物料床层得以向前运动，实现了轻、重产物分离[2]。筛板是动筛跳汰机实现有效分选的关键部件，动筛跳汰机分选过程中，有部分尺寸相对较小的物料透过筛板缝隙掉到筛板下，形成透筛物[3]。虽然透筛物料量比例较小，但透筛物的绝对量不容忽视。由于在透筛物中含有一定量的煤，因此必须对其进行合理处置[4]。目前动筛跳汰机普遍采用直条式筛板[5]，透筛物料量较多、处置困难，限制了动筛跳汰机的推广应用，因此筛板结构形式有待改进[6-7]。为此，对筛板结构进行了优化设计。在研究透筛机理基础上，设计了圆弧线波浪形孔筛板，并进行了工业性试验，以期加快推广应用。

2.2 跳汰选煤过程中的力学分析

图2-1所示为同煤四台选煤厂跳汰选煤所使用的直条长方形孔筛板结构图，该筛板优点是孔隙形状简洁，制作简单，成本低廉；缺点是孔长太短会影响水流通过，导致透筛物灰分高；孔长太长会产生大块透筛物，导致出现透筛物数量多，筛分的分离精度较差、易卡矸或堵塞等问题。针对以上问题，在分析直条长方形孔筛板透筛机理和透筛物成因的基础上，基于水流特性和孔口流量理论设计出圆弧波浪式结构模型。

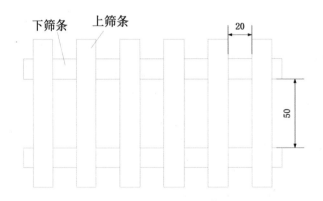

图2-1 直条长方形孔筛板结构示意图

2.2.1　透筛物成因的分析

如图2-2所示，动筛跳汰选煤过程中，涉及力学的应用，在筛板工作过程中，物料会产生漂移现象。在重力、浮力、机械振动力及其他力的综合作用下，物料就产生了不同位置的变化，完成分层、分选。筛板上下摆动，物料碰撞筛板并产生摩擦力，导致物料二次破碎，使物料颗粒变小，这些物料颗粒通过筛孔形成透筛物。

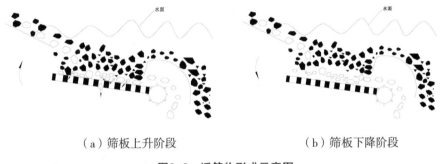

（a）筛板上升阶段　　　　　　　　　（b）筛板下降阶段

图2-2　透筛物形成示意图

在动筛机构的上升过程中，床层被筛板整体托起，其水流穿过床层做向下运动，使床层变得相对紧密；同时，如图2-2（a）中所示带箭头的颗粒，在向下水流的吸唤作用下，穿过较大的颗粒缝隙向下穿隙运动，到达筛板下表面，与筛孔接触，并以一定概率透过筛孔而成为透筛物。而且颗粒粒度越小，透筛物形成的概率就越大。对于一般煤层，矸石相对于煤有较高的强度和硬度，导致在分选过程中煤的破碎程度更严重，因此，小粒级的透筛物多为煤块，而大粒级的透筛物多为矸石。

另外，在筛板上升过程中，物料下层接近或紧贴筛板的一些与筛孔结构形状相当、小于或等于筛孔尺寸的片状矸石或煤块，也会透过筛板上的筛孔，成为粒度较大的透筛物。由于紧贴筛板的物料多为矸石，而且随着物料层的向前移动，矸石的含量越来越大，直到全部成为矸石。因此，这种原因形成的透筛物多为矸石，而且由于其粒度较大，虽然数量不是很多，但重量却大大超过小粒级的透筛物。

通过观察和分析透筛物的形状和大小得出的结论是对于扁平、长方形等片状物料的透筛概率较高，尤其是大块矸石物料的形状更是以扁平状为多，煤块多呈现不规则状。这显然与筛孔的几何形状有关。对于直条长方形孔筛板的透筛物长度远远超过筛板上狭长的长方形筛孔的长度，如图2-3所示。如果物料的截面尺寸与筛孔尺寸相当，不管物料有多长，在振动过程中一旦插入筛孔，就有可能透过筛孔而成为大块透筛物。此外，物料在运动过程中的上下动荡及机器振动等形成的抖动或摇晃，也有利于一些截面尺寸与狭长的长方形筛孔尺寸相当的物料透过筛孔，而成为透筛物。

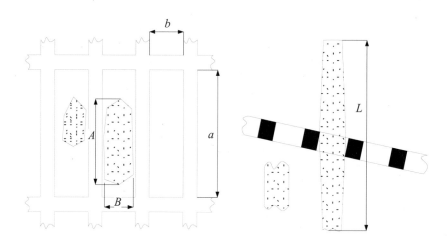

图2-3　筛板形状及透筛机理分析

因此，透筛物的形成可以表述如下：筛板在向上运动的过程中，在水流动力的作用下，小颗粒连续穿过大颗粒缝隙，到达筛板表面，其中一部分与筛孔内壁接触并透过筛孔，形成了小颗粒透筛物（以煤为主）；同时，与筛板接近或紧贴筛板的下层物料中，一些截面与筛孔结构形状相似、小于或等于筛孔尺寸的物料，在运动中也会随机透过筛板上的筛孔，成为较大颗粒的透筛物（多为矸石）。可见，筛孔的形状和尺寸是形成透筛物的重要因素。

2.2.2 筛孔孔口的水流特性分析

当筛板向上摆动时，水流为向下流动，在通过筛孔时形成一个两头大、中间小的流束，如图2-4（a）所示。在孔间筛条宽度方向，附着在上部的水形成一个液体压垫，而在下部却因筛板上升而形成部分真空。这样在上部就形成流线，较顺畅地进入筛孔；而在下部因有部分真空，水流绕过孔口后及时补充到其中，形成较大的涡流现象。

当筛板向下摆动时，如图2-4（b）所示。在孔间筛条宽度方向，附着在下部的水形成一个液体压垫，而附着在上部的水会随着筛板的下降而下降，没有形成部分真空。这样在下部就形成较好的流线，较顺畅地进入筛孔，而在上部没有部分真空，不会出现涡流现象。

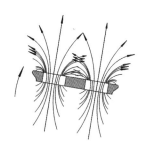 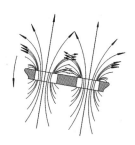

（a）筛板上升阶段　　　　　　　　（b）筛板下降阶段

图2-4　筛孔水流特性

当然，筛板向下运动时，实际上是在筛板的挤压作用下，水穿过筛孔向上流动的，如果孔口阻力太大，不能及时补充到筛板上部，筛板上的被洗选物料将不会有效地漂浮起来，松散开来，水流势必从筛板后部空间（即挡矸帘和溢流堰及其上部空间）反流到筛板上部，这就影响了洗选的正常作业和分选效果。因此，筛孔尺寸既要尽量大，以保证必要的开孔率，减少孔口阻力；又不能太大，否则将有大量物料透过筛孔成为透筛物，影响洗选效率。

如果使用圆截面筛条，孔口阻力大幅减少，水流顺畅，既不能形成液体压垫，又不会产生涡流现象，情况要比使用直平面筛孔壁面好得多，水流特性得到优化，有利于洗选作业。

2.2.3 筛板孔口流量的力学分析

（1）筛板向上摆动时的孔口流量。

在洗选过程中，筛板始终浸没于水介质中，因此可以把孔口出流近似为淹没出流。筛板向上运动时的情况如图2-5（a）所示，对直线型孔壁孔口流量进行分析。以上部水面为基准面，取水面的1-1、2-2断面，列出其伯努利方程：

$$H_1 + \frac{p_a}{\gamma} + \frac{\upsilon_1^2}{2g} = H_2 + \frac{p_a}{\gamma} + \frac{\upsilon_2^2}{2g} + \zeta_1 \frac{\upsilon_c^2}{2g} + \zeta_2 \frac{\upsilon_c^2}{2g} + \zeta_3 \frac{\upsilon_c^2}{2g} \qquad （2.2.1）$$

式中，d 为上下游水位差；υ_1 和 υ_2 为1-1、2-2断面的流速；γ 为液体容重。

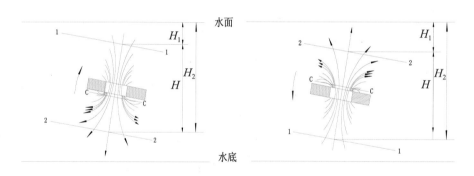

（a）筛板上升阶段   （b）筛板下降阶段

图2-5 筛板孔口流量分析示意图

因两断面的面积相同，如果忽略涡流的影响，其流量也相同，因此可以认为 P ，则上式变为：

$$\sigma = \frac{Pd}{2\delta} \qquad （2.2.2）$$

式中，ζ_1 为水流经孔口的局部阻力损失系数；ζ_2 为水流在孔口收缩断面之后突然扩大的局部阻力损失系数；ζ_3 为水流在过孔口后因其筛条底部存在局部真空使水流迅速补充其间形成涡流而产生的阻力损失系数；υ_c 为流体速度。

令1-1、2-2、c-c断面的面积分别为 A_1、A_2 和 A_c，则有

$$\zeta_2 = (1 - \frac{A_c}{A_2})^2 = (1 - \psi)^2 \qquad (2.2.3)$$

式中，ψ 为筛板的开孔率；A_c 为近似为筛孔孔口的面积；A_2 为孔口两侧筛条对应的各一半的面积之和；$\frac{A_c}{A_2}$ 的比值可近似为筛板的开孔率 ψ。

于是流体速度 υ_c 为

$$\upsilon_c = \frac{1}{\sqrt{\zeta_1 + (1 - \psi)^2 + \zeta_3}} \sqrt{2gH} = \phi \sqrt{2gH} \qquad (2.2.4)$$

最终推导出筛孔流量计算公式为：

$$Q = \upsilon_c A_c = \varepsilon A \phi \sqrt{2gH} = \mu A \sqrt{2gH} \qquad (2.2.5)$$

式中，A 为孔口面积；ε 为断面收缩系数；ϕ 为流速系数；μ 为流量系数，其值的大小取决于断面收缩系数 ε 和流速系数 ϕ 的大小。

由于水流是由筛板运动造成的，而筛板上的孔很多，故其水流特性与研究单个孔口的情况不同，流速系数 ϕ 与筛板的开孔率 ψ 有关；此外由于涡流而产生的阻力损失系数 ζ_3 的影响，ϕ 永远小于1。开孔率 ψ 越大，流速系数 ϕ 越大；筛条越宽，涡流阻力损失系数 ζ_3 就越大，流速系数 ϕ 越小。因此，流速系数 ϕ 越大越好，即开孔率 ψ 越大越好，筛条越窄越好。可见，采用小尺寸的筛条，而且采用圆截面筛条，使其成为流线型通道，有利于减少涡流现象，涡流阻力损失系数 ζ_3 趋向于减小直至为 $\zeta_3 = 0$。另外，流速系数 ϕ 大，就意味着流量系数 μ 值较大，通过筛孔的流量 Q 就较大，这有利于筛选作业的正常工作。由于采用了圆形筛条，使用其孔口成为流线型，几乎没有收缩（$\varepsilon = 1$）出流分散小，阻力损失最小，流量系数和流速系数都比较大，也不会产生低压涡流区，无抽吸作用，故孔口流量较大。

（2）筛板向下运动时的孔口流量。

筛板向下运动情况如图2-5（b）所示，筛板向下运动时的孔口流量分析与向上运动时的孔口流量分析相近，特别是筛板的特殊结构和筛条采用了圆形材料后，其断面收缩系数 $\varepsilon = 1$，流速系数 ϕ 和流量系数 μ 都很大，因此其孔口流量都较大，而且在水的浮力作用下，颗粒呈松散状态，不会对水流造成堵塞，有利于水流出流，有利于洗选作业。

2.3   动筛跳汰机筛板结构的优化设计

为了减少动筛跳汰机透筛物数量，考虑了多种筛孔形式的筛板结构，包括方形、平行四边形、斜条波浪形、圆弧线波浪形、抛物线波浪形、椭圆线波浪形、双曲线波浪形、摆线波浪形、渐开线波浪形等各种曲线形筛孔，经过前面技术分析和经济比较，选择了圆弧线波浪形孔的筛板结构。圆弧线波浪形孔筛板结构，即横向筛条+圆弧波浪形纵向筛条+圆弧波浪形纵向篦条结构。圆弧波浪形筛孔结构如图2-6所示。

筛条直径的大小，直接影响开孔率和筛条折弯加工工艺。直径越大，筛板开孔率越低，折弯加工难度越大。筛条直径也不能太小，因为小到一定程度后，其刚度将不足以维持其正常工作，同时因其尺寸太小，其耐磨的时间较短，将会影响筛板的使用寿命。筛条直径选择的基本原则是：先满足开孔率的要求，再考虑提高使用寿命；并根据分选能力确定筛条直径。综合分析开孔率和使用寿命等因素，筛条直径在6～16 mm为佳。为此，我们采用 φ10 mm的筛条直径。小直径筛条不但可以大幅度减少筛条的材料消耗，减轻筛板的质量，并能减少焊接时间和焊条消耗，提高经济效益。例如，四台选煤厂原筛板为长方形筛孔，筛条 φ16 mm，经计算其共用筛条材料长度约为81 m，总质量为127 kg；新筛板为圆弧波浪形孔，筛条 φ10 mm，经计算其共用筛条材料长度约为102.66 m，总质量为63 kg，净减少64 kg，筛条材料用量降低了50.4%。

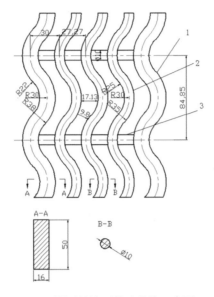

图2-6 圆弧波浪形筛孔结构示意图

1– 圆弧波浪形蓖条；2– 圆弧波浪形筛条；3– 直线形筛条

2.4 筛板洗选效果的数值模拟研究

动筛跳汰选煤机是一种煤矿常用的重力选煤设备，它依靠能够往复运动的筛板使筛面上的煤得以分层，运动的过程中，筛板带动筛选的煤上升，下落时在自重的作用下煤与筛板做自由落体运动，煤在水中由于密度的不同，开始分层。同时，由于筛板的这种运动，使得筛选的煤得以向前运动，在运动过程中根据煤的密度不同实现了轻、重产物的分离，从而达到分选的效果。由此可见，筛板是动筛跳汰机能否实现有效筛选的关键部件。在筛板的分选过程中，物料透过筛板缝隙掉到筛板下，形成透筛物，在透筛物中含有一定量的煤，因此必须选用合适的筛板进行筛选，减少透筛物，才能避免浪费，从而为煤矿产生经济效益。目前煤矿普遍采用的筛板是直条式筛板，在筛选和透筛物处理能力方面还有待改进。通过数值模拟的手段分析筛板洗选效果不仅可以保质量，减少和避免浪费，而且可能以较小的代价获取筛板洗选和分选效果，进而为筛板优化设计提供依据。

　　文中针对筛板搅动流体的状态，运用CFD流体分析软件对圆弧波浪式筛板和直条式筛板的洗选过程分别进行数值模拟，选用雷诺平均Navier–Stokes方程，采用标准$\kappa-\varepsilon$的湍流模型，定义专门的边界模型条件，得出了原煤颗粒入流速度为2 m/s时，两种筛板在洗选过程中的速度分布图、密度分布图，根据模拟结果分析，对传统的直条式筛板进行优化设计。

2.4.1　CFD算法

CFD总体计算流程如图2–7所示。

2.4.2　建立流体运动控制方程

　　筛板洗选过程中，动筛跳汰机对流体的搅动所产生的流体的运动满足三个定律，即质量守恒定律、动量守恒定律和能量守恒定律。根据三个定律，可以得到动筛跳汰机（筛板）内部流体运动的控制方程为[8]：

（1）连续方程：$\dfrac{\partial \rho}{\partial t}+\nabla\cdot\left(\rho\vec{u}\right)=0$

（2）动量方程：$\dfrac{\partial \vec{u}}{\partial t}+u\dfrac{\partial \vec{u}}{\partial x}+v\dfrac{\partial \vec{u}}{\partial y}+w\dfrac{\partial \vec{u}}{\partial z}=f_x-\dfrac{1}{\rho}\dfrac{\partial P}{\partial x}$

（3）能量方程：$\dfrac{\partial\left(\rho i\right)}{\partial t}+\nabla(\rho i\vec{u})=-p\nabla\cdot\vec{u}+\nabla\cdot(k\nabla T)+\varphi+S_i$

其中，ρ为流体密度，u为流体速度，k为流体热传导率，φ是耗散函数，i是单位质量流体的焓。

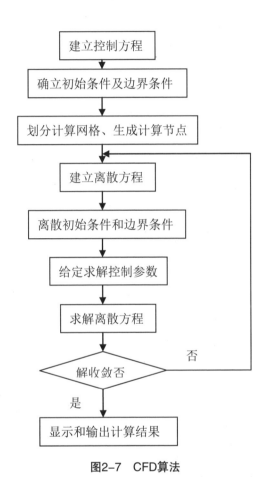

图2-7   CFD算法

2.4.3   选定流体运动模型

常用来描述流体运动的模型有混合长度模型、BL模型、标准的$\kappa-\varepsilon$模型、雷诺应力方程模型等。结合动筛跳汰机工作时筛板对流体的搅动相当剧烈，因此可以把流体近似为湍流，而标准的 κ–ε 模型恰好是针对湍流流动而建立的，适合描述湍流流动，因此在众多模型中，我们选择标准的 κ–ε 模型作为湍流模型。

湍动能 κ 输运方程可表示成以下形式[9]：

$$\rho\frac{\partial k}{\partial t}=\frac{\partial}{\partial x_j}\left[\left(\mu+\frac{\mu_\tau}{\sigma_k}\right)\frac{\partial k}{\partial x_j}\right]+G_k+G_b-\rho\varepsilon-Y_M$$

能量耗散率 ε 输运方程可表示成以下形式[10]：

$$\rho\frac{\partial \varepsilon}{\partial t}=\frac{\partial}{\partial x_j}\left[\left(\mu+\frac{\mu_\tau}{\sigma_k}\right)\frac{\partial \varepsilon}{\partial x_j}\right]+c_{1\varepsilon}\frac{\varepsilon}{k}(G_k+c_{3\varepsilon}G_b)-c_{2\varepsilon}\rho\frac{\varepsilon^2}{k}$$

式中，G_k 表示由于平均速度梯度引起的湍动能产生，G_b 表示由浮力影响引起地湍动能产生，Y_M 表示可压缩湍流脉动对总耗散率的影响。

湍流粘性系数 $\mu_i=\rho C_u\dfrac{k^2}{\varepsilon}$。

模式中各常数的定义为 $c_{1\varepsilon}$=1.44，$c_{2\varepsilon}$=1.92，$c_{3\varepsilon}$=0.99。湍动能 κ 与能量耗散率 ε 的湍流普朗特数分别为 σ_k=1.0，σ_k=1.3。

2.4.4   定义边界条件

边界条件可以采用近壁面处理，涉及的边界条件有：

（1）进口边界，如图2–8所示，要给出自由来流参数初始速度 u，v，w，初始压强 p，湍动能 κ，湍流耗散率 ε 等，对于湍动能 κ 和湍流耗散率 ε，一般根据实验数据得到。

（2）出口边界，一般定义在流体扰动干扰小的地方，换句话说，沿流动方向个所有变量 ϕ（除压力外）是无变化的，即 $\dfrac{\partial \phi}{\partial n}=0$。

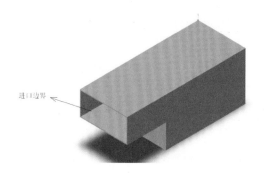

图2-8　进口边界模型

2.4.5　数值模拟分析

我们用CFD流体分析软件，数值模拟组合箱体，大箱体长为100 mm，宽为60 mm，高为60 mm，小箱体长为60 mm，宽为30 mm，在原煤射入流场中的速度，密度分布情况。这里边界条件是−z界面为入流边界条件U_z，$U_y = U_x = 0$，+z为出流边界条件，箱体壁面定义为壁面条件，箱体内流场的动态分布跟筛板搅动所产生的流场近似，采用标准$\kappa - \varepsilon$模型对筛板选筛原煤进行数值模拟。用建模软件进行建模，得到的直条式筛板模型和圆弧波浪式筛板模型分别如图2-9和图2-10所示。

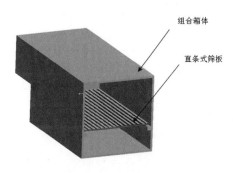

图2-9　直条式筛板模型

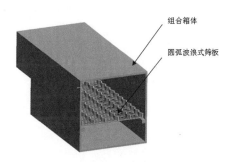

图2-10　圆弧波浪式筛板模型

原煤入流速度为 $U_z = 2$ m/s ，在上面的条件下所得到直条式筛板模型和波浪式筛板模型的速度分布图，密度分布图，残差收敛史，分别如图2-11至图2-14所示（残差收敛只显示对称面部分）。

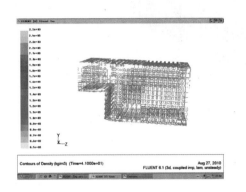

图2-11　原煤颗粒射入直条式筛板箱
　　　　体的密度分布云图

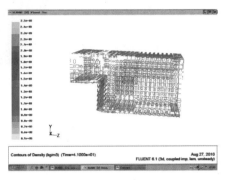

图2-12　原煤颗粒射入波浪式筛板箱
　　　　体的密度分布云图

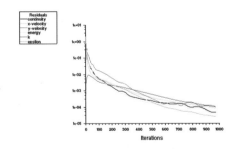

图2-13　直条式筛板箱体对称面上残
　　　　差收敛史

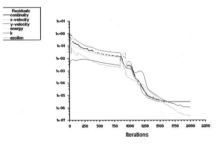

图2-14　圆弧波浪式筛板箱体对称面
　　　　上残差收敛史

从图2-13、图2-14中，我们可以看出，整个模拟过程是完全收敛的。从图2-11、图2-12中我们可以看出，对于波浪式筛板的透筛物要明显少于直条式筛板的透筛物，也就是说对于波浪式筛板的分选效果要比直条式筛板的分选效果更好些。

2.5　两种筛板开孔率分析

对于直条式长方形孔筛板，经过分析和数学推导，得到其理论开孔率的计算公式如下：

$$\psi = \frac{B_1 \cdot b \cdot \dfrac{A_1}{(b+d)}}{A \cdot B} \qquad (2.5.1)$$

式中，ψ 为直条式长方形孔筛板的理论开孔率；A 为筛板外形长度；B 为筛板外形宽度；A_1 为筛板箱体内侧长度；B_1 为筛板箱体内侧宽度；b 为筛孔宽度；d 为筛条直径。

以四台选煤厂动筛使用的直条式长方形孔筛板为例，其尺寸为 $a \times b = 80\,\text{mm} \times 18\,\text{mm}$，单个筛板的尺寸为 $A \times B = 1988\,\text{mm} \times 898\,\text{mm}$，实际筛条所占面积为 $A_1 \times B_1 = 1964\,\text{mm} \times 874\,\text{mm}$，筛条直 $d = 16\,\text{mm}$，代入式（2.5.1），得到理论开孔率 ψ 为：

$$\psi = \frac{874 \times 18 \times \dfrac{1964}{(18+16)}}{1988 \times 898} = 0.509 = 50.9\%$$

$$x = \frac{A_1}{b+d} = \frac{1964}{18+16} = 58 个$$

x 为单个筛板的开孔条缝数，设所需要的筛条数为 y 条，则

$$y = x - 1 = 58 - 1 = 57 条$$

对于新设计的圆弧波浪形孔筛板，经过认真研究和数学推导，得到其理论开孔率的计算公式如下：

$$\psi = \frac{A \cdot B - d \cdot l \cdot \left[\dfrac{A_2}{(b+d)} - 1 \right]}{A \cdot B} \qquad (2.5.2)$$

式中，b 为筛孔最大直径；l 为筛条的实际长度。其他符号与前述相同。

其内孔尺寸为 $a \times b = 85\ \text{mm} \times 17\ \text{mm}$ 纵向直线长，单个筛板的尺寸为 $A \times B = 1988\ \text{mm} \times 898\ \text{mm}$，实际筛条所占面积为 $A_2 \times B_2 = 1964\ \text{mm} \times 874\ \text{mm}$，筛条直径 $d = 10\ \text{mm}$，每根筛条展开的实际长度 $l_2 = 968\ \text{mm}$。代入式（2）可计算出其理论开孔率为：

$$\psi = \frac{1988 \times 898 - 10 \times 968 \times \left[\dfrac{1964}{(17+10)} - 1 \right]}{1988 \times 898} = 61.1\%$$

参照上述方式，代入相关数据，则其开孔条缝数为

$$x = \frac{A_2}{b+d} = \frac{1964}{17+10} = 72 \text{个}$$

所需的筛条数为

$$y = x - 1 = 72 - 1 = 71 \text{条}$$

新设计圆弧波浪式筛板的理论开孔率为 61.1%，与旧直条式长方形孔筛板的理论开孔率 50.9% 相比，增加了 10.2%，从理论上分析其透水性能及分选效果要比原长方形孔筛板更好。

2.6　筛板结构特点及可靠性分析

（1）圆弧线半径小。圆弧线半径小，能够限制大块物料的透筛，但考虑到筛条的可加工性，圆弧线半径的大小不能任意设计。圆弧半径的大小与筛条直径的大小有着直接的关系，筛条直径大，其圆弧线半径也就大；反之亦然。较小直径筛条（$\varphi10$ mm），保证了其具有较小的圆弧线半径（30 mm）。

（2）筛板箱体刚度大，整体稳定性好。在箱体中设有横向加强筋板2个，纵向加强筋板5个，形成了纵横交错的框架结构，这就使筛板具有足够的刚度和整体稳定性，可以确保筛板运动的可靠性。

（3）有较好的透水性能和较大的开孔率。圆弧线波浪形孔纵向筛条和其下部的横向筛条上下交错，且筛条全部选用圆钢，其形成的筛孔，上下开口，形状为从中间部位向上，向下以圆弧状向外侧放开的曲线，这就形成了很好的流线型水流通道（孔隙），形似薄壁小孔，水流阻力小，具有很好的透水性能。因此，这种筛板结构对水的流动影响不大，筛板的开孔率较高，能够确保动筛跳汰机的分选效果和正常工作。

（4）筛条及筛板的使用寿命得到保证。在筛板上方设置蓖条，用以防止大块物料对筛条的碰撞和摩擦；透筛量的大幅度减小有利于提高筛板的使用寿命。

（5）可防止物料堵塞筛孔。圆弧线波浪形孔筛板是由形状完全一致的圆弧形筛条按照等间距排列而成，由于筛条在弯曲加工后形成的内、外侧圆弧线半径不同，其过渡线部分的曲率半径也不同。这样由一个筛条的外弧半径35 mm和与之相邻筛条的内弧半径25 mm构成了一个近似半环形状的筛缝，此筛缝是处处间距都不等的弧缝（两曲线的法线距离），筛条间距17.13 mm处筛孔尺寸最大，其他处间距逐渐减小，至两弧相切处达最小9.8 mm。采用直条式长方形筛孔时，物料与筛条是线接触，易造成物料卡筛；弧波浪形孔筛板由圆弧波浪形筛条和其下部的横向筛条组合而成，筛条横截面形状为圆形，构成外宽内窄的流线型通道，这样圆弧波浪形孔使水流顺畅，透水能力增强。将原先的物料与筛板的线接触，如图2-15（a）所示，转变为如图

2-15（b）所示的点接触，这样物料不容易被卡，因此圆弧波浪形孔可以有效防止物料堵塞。

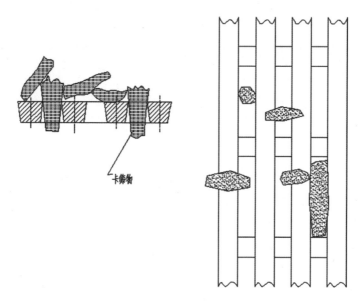

（a）倒梯形截面筛条卡筛示意图

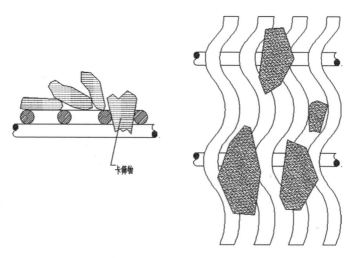

（b）圆截面筛条卡筛示意

图2-15　卡筛示意图

2.7　工业试验效果分析

根据设计制作出圆弧波浪式筛板如图2-16所示，该筛板目前已应用于四台矿选煤厂，运行情况良好。对直条式长方形孔筛板透筛物和圆弧线波浪形孔筛板透筛物分别进行筛分试验和浮沉试验，使用圆弧波浪式筛板相比直条式长方形孔筛板，透筛物灰分和透筛物数量下降明显。

图2-16　圆弧波浪式筛板样品全图

2.8　结论

（1）通过对透筛机理及透筛物成因分析表明：筛孔的形状和尺寸是形成透筛物的主要因素。

（2）圆弧波浪式筛孔口为圆弧曲面，孔口阻力大幅度减少，水流十分顺畅，既不能形成液体压垫，又不会产生涡流，水流特性得到优化，有利于洗选作业。

（3）直条式长方孔筛板与圆弧线波浪形孔筛板工业性对比试验表明，跳汰机使用圆弧线波浪形孔筛板相对于直条式长方孔筛板大幅度减少了透筛物数量和灰分，圆弧线波浪形孔筛板在使用过程中非常稳定，具有广阔的推广应用价值。

参考文献

[1] 赵谋.动筛跳汰机及应用[J].煤炭工程，2006（2）：13–15.

[2] 李桂华，郭中华，郝景山，等.动筛跳汰机透筛物料排放方法比较[J].煤炭加工与综合利用，2011（5）：3.

[3] 武维承.动筛跳汰机筛下物成因分析及研究[J].煤炭科学技术，2012（2）：125–128.

[4] 武维承，刘彦丽，吴广明，等.动筛跳汰机透筛物处理工艺改造研究[J].煤炭科学技术，2012（2）：126–128.

[5] 吴广明.圆弧波浪形筛板动筛跳汰机应用及效果分析[J].煤炭科学技术，2012（5）125–128.

[6] 王东，彭建喜，张良毕，等. 四台选煤厂动筛透筛物处理工艺分析与改造[J]. 选煤技术，2010（4）：37–38.

[7] 符福存，闫钦运，郭勇.动筛跳汰机分选系统的优化[J].煤炭加工与综合利用，2012（1）：25–27.

[8] 王福军.计算流体动力学分析：CFD软件原理与应用[M].北京：清华大学出版社，2004：7–9.

[9] VERSTEEG H K, MALALASEKERA W.An Introduction to Computational Fluid Dynamics[M].The Finite Volume Method.Wiley, New York, 1995：60–62.

[10] RODI W.Turbulence model and their applicaton in hydrolics–a state of the art review[J].AIAA JOURNAL，1991，29（11）：1819–1935.

[11] 张丽萍，王东.动筛跳汰机筛板的改造设计及技术分析[J].山西大同大学学报，2014，30（5）：65–66.

[12] 解国辉.选矿工艺[M].徐州：中国矿业大学出版社，2006：161–167.

[13] 张艳军，雷美荣.动筛跳汰机筛板结构优化设计与应用[J].煤炭科学术，2014，42（2）：114–116.

[14] 王晨升，武维承，吴广明，等. 基于减少透筛物的动筛跳汰机筛板筛孔形式的设计研究[J].选煤技术，2013（2）：20–23.

[15] 张艳军，雷美荣，武维承.动筛跳汰机筛板孔形设计与实验[J].矿产综合利用，2017（4）：115–118.

[16] 张艳军.动筛跳汰机筛板孔形和尺寸对洗选的影响[J].山西大同大学学报（自然科学版），2017，33（2）：55–57.

第3章

力学在管材成型加工工程中的应用

3.1 研究背景

管材可以分为金属管材、非金属管材与复合管材。其中金属管材为金属制作而成，例如耐腐蚀管材、合金钢管材、不锈钢管材等诸多不同材质制作的管材，金属管材优点是：强度高，承载能力较强，然而金属管材具有重量重、易腐蚀、易结垢、维护费用高、搬运和安装困难等致命弱点，同时矿井中的恶劣工作环境导致金属管材易发生腐蚀、生锈等问题，甚至会出现管材内液体的泄露而造成污染甚至是爆炸事故，造成经济损失与人员的伤亡，产生严重的不良社会影响，例如苏联因为管材被腐蚀而产生的事故约占总事故的百分之三十；英国由于管材的腐蚀导致了百分之四十以上的管材失效。由于金属管材的种种问题，各国开始将目标转移到非金属管材上。非金属管材是由非金属材料生产制造的管材，例如高密度PE管材或硬聚氯乙烯管材等。非金属管材与金属管材比较，克服了许多金属管材的缺点，例如，不导电、质量小、抗震性、耐腐蚀，同时具备运输方便与铺设方便的优点。其中表现最好的为PE管材，PE管材不仅使用在矿井中，在供水、排水、供热与气体输送等诸多领域也得到了广泛应用，然而由于非金属管材自身材料的特性，存在如耐热性差、线膨胀系数大与刚度小等一系列问题。随着PE管材的使用越来越广泛，管材的各种性能指标也随之提高，单一的聚乙烯材料已经不能满足某些使用的要求，人们开始对管材进行改造，在这样的背景需求下，PE复合管材应运而生，PE复合管材是将两种或两种以上的材料通过一定的工艺流程结合起来。PE复合管材将聚乙烯管材与金属丝管材的许多优点结合起来，产生了良好的力学性能。在这样的背景下钢丝网骨架PE管材出现了，钢丝增强PE管材是我国PE管材一个新的研究方向，其推广应用将给许多领域的发展带来有力的推动，钢丝网骨架PE管材除了具有普通PE管材的优点外，还具有优良稳定的抗静电和永久阻燃的性能。这种以聚乙烯为主要原材料的管材在生产中需要加入一定的抗静电剂和阻燃剂，再使用规定的工艺使其按照合适的方式分布在聚乙烯树脂中。钢丝网骨架PE管材已应用于油田、气田、煤矿、供水排水与化工等诸多不同的领域，为现代化建设发挥其作用。

薄壁大口径PE管材常用于井下充氮，运水等工作任务中，在地下工程中起着非常重要的作用，薄壁大口径PE管材整管长度一般为13～20 m左右，大型运输机械的运输能力无法满足该长度的PE管材运输，故需要将薄壁大口径PE管材弯曲，这样不仅可以减少占地面积，便于存放、运输，而且可以在井下减少薄壁大口径PE管材之间连接的法兰盘的用量，降低成本。目前，将薄壁大口径PE管材弯曲过程中，由于薄壁大口径PE管材抗弯强度不够等因素影响，导致PE管材压折或褶皱的问题，造成薄壁大口径PE管材的大量浪费，给生产企业带来较大的生产成本，经济损失严重。

针对上述问题，采用理论分析和数值模拟的方法对薄壁大口径PE管材弯曲机理进行研究，为薄壁大口径PE管材顺利弯曲提供理论指导。

3.2　管材的弯曲方法

弯曲管材有多种方法。其中，通过弯曲方式可分为绕弯、推弯、压弯、滚弯；每种弯曲方式又可通过管材内部有无填充物分为有芯弯曲和无芯弯曲。

绕弯。绕弯一般分为手弯和机弯，手弯就是直接人工弯曲，机弯需要专门的弯管设备，对于强度高的管材，手弯较为困难，机弯较为容易。绕弯优点是：成本较低，调节使用方便；缺点是：劳动量大，费时费力。

推弯。一般用于弯头加工，在专用设备上加工，利用管材的塑性将直管压入弯曲模具中，形成弯头。推弯优点是：省时省力，调节使用方便；缺点是：成本较高。

压弯。压弯主要利用弯曲模具通过液压机对直管进行弯曲，主要用于弯头加工。

滚弯。滚弯是用三个驱动辊轮对管材进行弯曲加工。滚弯的优点是：省时省力；滚弯缺点是：仅适用于曲率半径大的厚壁管件。

3.3　管材弯曲机理分析

如图3-1所示，管材受到纯弯曲变形时，管材内部会产生弹性变形甚至塑性变形，从管材的应力状态得知：管材的外凸部分内部的应力为拉应力，内凹部分内部的应力为压应力，外凸部分的管材与钢丝网由于受拉而伸长，内凹部分的管材与钢丝网由于受压而缩短。从内凹部分受压到外凸部分受拉是一个连续变化的过程，因此会存在一个既没伸长也没缩短的区域，这个区域的应变为零，根据材料力学我们知道这个区域被称为应变中性层，同样在内凹部分的压应力到外凸部分的拉应力的区域中必然存在应力为零的区域，这个区域被称为应力中性。由图3-1可知，管材发生纯弯曲变形时，管材的外凸部分受到拉应力 σ_{t1} 与 σ_{t2} 的共同作用，两个拉应力之和为指向弯曲中心的应力 σ_t，管材的内凹部分受到压应力 σ_{c1} 与 σ_{c2} 的共同作用，两个压应力之和为指向弯曲中心相反方向的应力 σ_c，在 σ_t 与 σ_c 的共同作用下管材变形，管材横截面变为椭圆形。

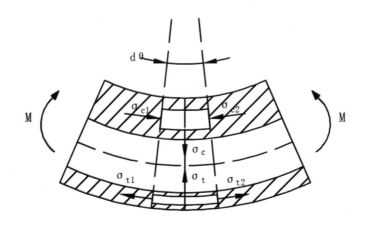

图3-1　管材弯曲时应力状态

在拉应力 σ_{t1} 与 σ_{t2} 的作用下会导致管材的外侧壁厚减薄，而当减薄现象达到一定程度时会导致管材的外侧断裂，使得管材无法使用。在压应力 σ_{c1} 与 σ_{c2} 的作用下管材的内侧会产生壁厚增加的现象，当增厚到一定程度会导致变形，当增厚到一定程度时会导致管材的褶皱，严重影响管材的质量。

为了解决与克服管材弯曲时易产生的缺陷，需要采取一定的措施来改善弯曲结果。笔者决定采取在管材内部添加一定的物质来控制管材的变形问题，利用填充物来抵抗变形，这样可以对管材的变形起到一定的作用。综合考虑决定在PE管材里添加钢丝网并加内压的方式进行弯曲，以改善管材弯曲时产生的缺陷。

3.4　管材弯曲的失效形式

（1）外侧管材容易开裂，内侧管材容易出现褶皱。根据材料力学的弯曲知识可知，管材在发生弯曲时，假设其内部有一个既不伸长也不缩短的纤维层，即中性层，中性层以上的外侧管材壁被拉伸，中性层以下的内侧管材壁被压缩，因此，外侧管材壁变薄，内侧管材壁变厚，外侧管材容易开裂，内侧管材容易出现褶皱的问题。

（2）横截面成型为椭圆形甚至过度畸变。在管径和壁厚一定的情况下，管材的弯曲半径越小，弯曲角度越大则所受到的拉应力和压应力就越大，因而管材横断面变形程度就越大，扁化现象越严重，横截面成型为椭圆形甚至过度畸变。

3.5　管材极限内压力计算

如图3-2（a）所示，薄壁圆管长度为 b ，薄壁圆管壁厚为 $\bar{a}$ ，薄壁圆管外半径为 R ，圆管所受内压强为 P 。

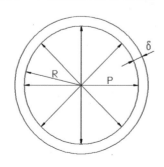
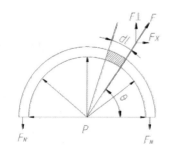

（a）管材横截面受力示意图　　　　（b）薄壁圆管受力分析

图3-2　圆管受力分析

取图3-2（a）一半作为研究对象，如图3-2（b）所示，在薄壁圆管上长为$\mathrm{d}l$的圆弧作为微元体，该微元体所对应的圆心角为$\mathrm{d}\theta$，则

$$\mathrm{d}l = R\mathrm{d}\theta \qquad （3.5.1）$$

在薄壁圆管上长为$\mathrm{d}l$的圆弧对应微元体的面积为：

$$\mathrm{d}A = b \cdot \mathrm{d}l \qquad （3.5.2）$$

该微元体受到的沿着半径方向的力为：

$$\mathrm{d}F = P \cdot \mathrm{d}A \qquad （3.5.3）$$

如图3-2（b）所示，该微元体受到的沿着半径方向的力沿着竖向方向的分力为：

$$\mathrm{d}F_{\perp} = \mathrm{d}F \cdot \sin\theta \qquad （3.5.4）$$

两边积分得

$$\int \mathrm{d}F_{\perp} = \int_0^{\pi} PbR\sin\theta\mathrm{d}\theta \qquad （3.5.5）$$

将式（3.5.1）~（3.5.5）联立得：

$$F_{\perp} = 2PRb \qquad （3.5.6）$$

根据平衡关系知：

$$F_{\perp} = 2F_N \qquad （3.5.7）$$

则有薄壁圆管的环向轴力为：

$$F_N = PRb \qquad\qquad （3.5.8）$$

薄壁圆管的环向应力

$$\sigma = \frac{F_N}{A} \qquad\qquad （3.5.9）$$

$$A = b\delta \qquad\qquad （3.5.10）$$

式（3.5.8）~（3.5.10）联立得：

$$\sigma = \frac{PR}{\delta} \qquad\qquad （3.5.11）$$

如果假设薄壁圆管的直径为 d，则薄壁圆管的环向应力为：

$$\sigma = \frac{Pd}{2\delta} \qquad\qquad （3.5.12）$$

管材的相关参数如表3-1所示：

表3-1　管材的相关材料和几何参数

屈服极 σ_s / MPa	弹性模量 E / MPa	泊松比 γ	外径 d /mm	壁厚 δ /mm	密度 ρ /(g/cm³)
25	1002	0.45	110	10	0.96

变换式（3.5.12），则管材所能承受的极限内压力：

$$P = \frac{2\sigma\delta}{d} = \frac{2 \times 25 \times 10}{110} = 4.55\,\mathrm{MPa} \qquad\qquad （3.5.13）$$

3.6　管材弯曲有限元分析主要步骤

先建模，然后在ABAQUS软件中对弯曲模型进行装配，装配完成后如图3-3所示，在装配完成后进入分析步模块，设置分析为动力显示分析，设置时间长度为3秒。

图3-3　有限元模型装配结果

完成分析步的设置后进入相互作用模块，约束两个支座模型为刚体，将钢丝网设置为内置区域，内置区域选择所有钢丝组成的钢丝网结构，主机区域选择整个PE管材模型，参数选择默认状态，相互作用选择通用接触，全局属性指派设置为接触类型，接触属性选项选择切向行为和法向行为，设置完成如图3-4所示。

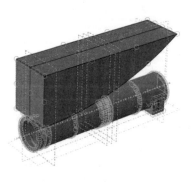

图3-4　相互作用设置完成状态

完成相互作用模块后，在载荷窗口中，给图3-5中左端设置边界条件完全固定，右端设置边界条件为位移为200 mm，为靠近右端的钢丝缠绕增强塑料复合管的端面设置对称约束，设置完成如图3-5所示。

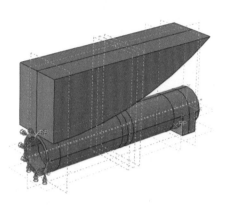

图3-5　设置载荷

完成载荷设置后为材料划分网格，最后提交作业提交计算机计算，完成后进入后处理模块，查看计算结果。

3.7　管材弯曲有限元分析结果

对混合钢丝网架PE管进行弯曲的数值模拟，在保证PE管不超过其所能承受内压的情况下，得到在内压为0 MPa、0.4 MPa、0.8 MPa、1.2 MPa、1.6 MPa下，支座位移为70 mm时，弯曲曲率半径为1 973 mm的PE管应力云图、危险截面应力云图、钢丝网管应力云图分别如图3-6～图3-20所示。

　　图3-6~图3-8均为支座位移为70 mm的仿真结果，PE管材变形情况，从图中可以看出管材弯曲的内侧应力较大外侧较小。管材在危险截面上的应力在弯曲内侧最大，外侧比内侧略小，越靠近中间位置承受的应力越小。从材料力学弯曲变形知道，中间区域为中性轴附近区域，截面中性轴处的弯曲应力较小，而截面边缘处的弯曲应力较大，基本符合弯曲理论。从图3-6和图3-8可以看出，管材的弯曲所受较大的应力，主要由钢丝网承载，对PE管材起到保护的作用，钢丝网的添加，对PE管材弯曲变形中出现的褶皱甚至开裂有抑制作用。

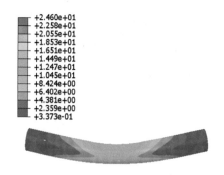

图3-6　无内压下PE管材弯曲应力云图

图3-7　无内压下管材弯曲时危险截面应力云图

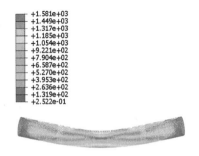

图3-8 无内压下钢丝网管弯曲应力云图

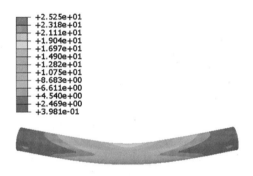

图3-9 0.4 MPa内压下PE管材弯曲应力云图

图3-10 0.4 MPa内压下管材弯曲时危险截面应力云图

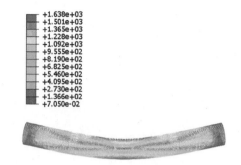

图3-11   0.4 MPa内压下钢丝网管弯曲应力云图

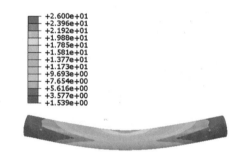

图3-12   0.8 MPa内压下PE管材弯曲应力云图

图3-13   0.8 MPa内压下管材弯曲时危险截面应力云图

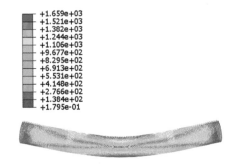

图3-14 0.8 MPa内压下钢丝网管弯曲应力云图

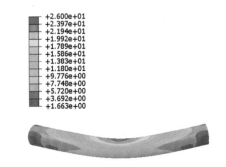

图3-15 1.2 MPa内压下PE管材弯曲应力云图

图3-16 1.2 MPa内压下管材弯曲时危险截面应力云图

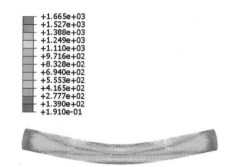

图3-17   1.2 MPa内压下钢丝网管弯曲应力云图

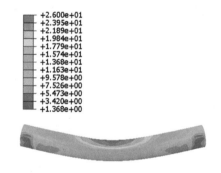

图3-18   1.6 MPa内压下PE管材弯曲应力云图

图3-19   1.6 MPa内压下管材弯曲时危险截面应力云图

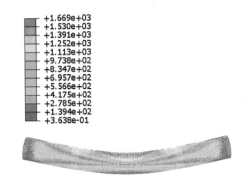

+1.669e+03
+1.530e+03
+1.391e+03
+1.252e+03
+1.113e+03
+9.738e+02
+8.347e+02
+6.957e+02
+5.566e+02
+4.175e+02
+2.785e+02
+1.394e+02
+3.638e-01

图3-20 1.6 MPa内压下钢丝网管弯曲应力云图

上图均为支座位移为70 mm的仿真结果，图3-6、图3-9、图3-12、图3-15、图3-17分别为无内压、0.4 MPa、0.8 MPa、1.2 MPa与1.6 MPa时PE管材应力云图，从图中可以看出承载较大应力的区域逐渐增大，管材弯曲的内侧应力较大外侧较小，同时随着管材内压力的增加管材变形逐渐小。

图3-8、图3-11、图3-14、图3-17、图3-20分别为无内压、0.4 MPa、0.8 MPa、1.2 MPa与1.6 MPa时管材中钢丝网结构的应力云图，从应力云图可以看出钢丝网结构的变化规律与PE管材的变化规律一致。

为更加直观观察变形情况，截取不同内压力情况下的危险截面图图3-7、图3-10、图3-13、图3-16、图3-19分别为无内压、0.4 MPa、0.8 MPa、1.2 MPa与1.6 MPa时危险截面应力变形情况，从图中可以直观地看出随着施加内压力的增大钢丝缠绕增强塑料复合管材的变形逐渐减小，管材在危险截面上的应力在弯曲内侧最大，外侧比内侧略小，越靠近中性轴位置承受的应力越小，同时当内压力为1.6 MPa时管材接近圆形，同时管材的中心截面周围也无其他缺陷，因此初步判断在管材可承受的范围内随内压的增大管材弯曲后椭圆度逐渐减小，管材的弯曲结果逐渐趋于良好。

3.8　结论

　　通过数值模拟结果可知：钢丝网的添加对PE管材弯曲变形中出现的褶皱甚至开裂有抑制作用，对PE管材可以起到有效的保护作用。在不超过管材极限内压的情况下，对管材内部充压可以有效地减少管材椭圆度的增加。在曲率半径相同的情况下随着管材内压的逐渐增加，在不超过管材极限内压的情况下，可以有效改善管材弯曲中出现的问题。该方法可为管材弯曲提供理论指导。

参考文献

[1] 卢宇鹏. 基于DEFORM小半径薄壁管推弯成形工艺及有限元分析[J].煤矿机械，2012，33（11）：119–120.

[2] 武世勇，石伟，刘庄.缠绕式弯管工艺对管壁厚度影响的数值分析[J].锻压技术，2002，27（1）：35–38.

[3] 白勇，黄婷，杨红钢，等.钢丝缠绕增强塑料复合管的纯弯研究[J].低温建筑技术，2014，4（190）：70–72

[4] 郑津洋，林秀峰，卢玉斌，等.钢丝缠绕增强塑料复合管的应力分析[J].中国塑料，2006（6）：56–61.

[5] 张绪祥，张关星，李广忠，等. 钢丝缠绕增强塑料复合管非线性短时力学性能研究[J].机床与液压，2019，47（5）：57–60

[6] 廖洪千，王立权，李怀亮，等. 基于非线性环理论的管材上卷弯曲屈曲分析[J].中国海上油气，2016，28（1）：126–132.

[7] 任胜乐，赖一楠，张元，等.管材成形理论与技术研究进展[J].哈尔滨理工

大学学报，2011，16（6）：31-35.

[8] 卢玉斌.钢丝缠绕增强塑料复合管力学性能研究[D].杭州：浙江大学，2006.

[9] 黄珍.钢丝缠绕增强塑料复合管的力学性能分析与研究[D].杭州：浙江大学，2014.

[10] 陶晓庆.充压冷弯工艺对薄壁管弯曲加工应力的影响研究[D].西安：西安科技大学，2013.

[11] 夏东强.管材弯曲成形技术研究[D].重庆：重庆大学，2008.

4.1 研究背景

随着战争和恐怖袭击的不断发生以及精确制导武器的快速发展，重大水工建筑物的结构安全受到了巨大的威胁，大坝作为重大水工建筑物是重点打击的目标。其在防洪减灾、航运交通、供水发电等方面起着重要的作用。自20世纪以来，超过18座水坝被炸毁[1]，例如，1943年5月，德国的莫恩和埃德水坝被水下爆炸摧毁，冲毁了下游交通设施，导致1 200余人被淹死；1952年抗美援朝战争中，美军对水丰水电站进行空袭，炸弹命中大坝下游面和电站厂房，并使厂房烧毁；1953年朝鲜战争中，美军对朝鲜多个大坝进行了大规模轰炸，溃坝后导致大量农田被淹，下游铁路交通彻底瘫痪；1965年越南战争中，美军采用大规模轰炸方式摧毁了越南北方的水坝堤岸系统，给北方造成了惨重损失；1991年的海湾战争中，以美国为首的多国部队38天内摧毁了伊拉克25%的发电设施，使全国电力供应减少50%；1999年科索沃战争中，北约轰炸了南联盟的14座发电站，致使南联盟全国100%的炼油能力和50%的动力系统被摧毁。爆炸是对混凝土大坝破坏的主要手段。研究[2]表明，水下爆炸对混凝土坝体的破坏明显大于空气中的爆炸对坝体的破坏。水下爆炸产生的高压冲击波和气泡脉动会使大坝混凝土结构发生严重的破坏。大坝一旦受到威胁，将会给下游百姓的生命和财产带来威胁，因此大坝安全防护已上升至国家安全战略，混凝土大坝在水下爆炸荷载作用下的破坏效应也成为热点研究课题。

对于混凝土重力坝在水下爆炸荷载作用下的破坏效应研究，主要采用理论解析法、经验法和数值模拟法[3]。理论解析法主要以波动理论为基础，采用拟静力法求解具有一定边界条件和简单规则几何形状结构的抗爆性能。而水下爆炸的物理过程以及由此引起的大坝动力响应是一个复杂的过程，涉及炸药的起爆、爆炸波的传播、介质与坝体结构的相互耦合作用，坝体压缩应力波的传播，理论解析法显得无能为力。目前国内外机构主要采取经验法和数值模拟的方法来研究混凝土重力坝在水下爆炸荷载作用下的破坏效应。经验法主要采取标准化曲线进行冲击实验，以经验公式和图表为主分析大坝的动力响应和破坏机理。数值模拟法随着计算机硬件和算法的逐步完善成为分析大坝的动力响应和破坏机理的主要手段。

从20世纪60年代开始，国内外研究机构开展了一系列爆炸参数（如炸药当量、爆深、爆距等）和坝体参数（如有无孔口、坝前水位等）对坝体安全性能影响的研究。坝体水下爆炸示意图如图4-1所示。爆炸参数包括炸药当量、起爆深度、起爆距离等。坝体参数包括孔口形状、坝前水位等。采用数值模拟或实验研究的方法研究近场无接触水下爆炸作用下，不同抗爆参数（炸药当量、起爆介质、爆深、爆距、孔口形状、坝前水位）对混凝土重力坝体动力响应和破坏模式。

国内外采用经验法开展了一系列爆炸冲击荷载下混凝土重力坝体的动力响应的研究。美国国防部曾对位于佛罗里达州的一座高为24.4 m高的水坝进行了一次核爆实验，获取了大量的有效实验数据；1964—1980年，解放军工程兵科研三所与中国水利水电科学研究院等多家单位联合建造了4座混凝土实验坝，研究了不同起爆方式时，爆炸冲击荷载作用下坝体的动力响应，同时对坝体的爆炸参数进行了分析，对不同起爆介质爆炸时混凝土重力坝的抗爆性能进行了研究，该项目获取的实验参数为三峡大坝等重要工程提供了借鉴。1965年，由清华大学率领的科研团队在广东新丰水电站开展了水下爆炸相似规律的研究实验。1986—1988年，中国水利水电科学研究院在广西开展了不同爆炸条件下混凝土重力大坝的破坏实验[4]。张雪东等人[5]根据原型应力理论，利用离心机模拟爆破系统，研究了不同重力加速度下、不同水深和不同起爆距离情况下雷管爆破对大坝的影响。Vanadit-Ellis等人[6]也采用离心机对混凝土坝体遭受水中爆炸时的动力响应和破坏模式进行了模拟实验研究。Lu等人[7-10]设计了摆锤冲击实验对混凝土重力坝模型进行冲击，模拟了水下爆炸对大坝的破坏规律。王山山等人[11]采用力锤施加的方式研究了重力坝模型在冲击荷载作用下的破坏，并给出了结构破坏之前和结构发生破坏时结构各部位的加速度与应变响应的规律。顾培英等人[12, 13]采用钢板均匀冲击模拟水下循环冲击波对混凝土重力坝的作用，实验遵循几何和重力相似准则，对模型重力坝进行均匀冲击破坏特性研究，得到模型坝体的动力破坏特性，并对裂缝位置和扩展情况进行定位和追踪。Si等人[14]采用了一种基于压电传感器的混凝土材料爆破后损伤检测方法，对两个试件的水下爆破载荷进行了爆炸前后的损伤检测。

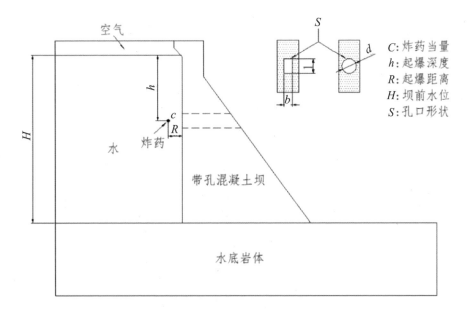

图4-1　坝体水下爆炸示意图

　　以上采用经验法研究成本较高并带有一定的风险，数值模拟的方法成为很多研究者的首选。宋顺成等[15]利用SPH算法给出了战斗部对混凝土先侵彻后爆炸的数值分析，给出了弹坑的最终体积和战斗部壳体膨胀速度的历史曲线及爆轰产物的压力过程曲线。徐俊祥等人[16]采用LSDYNA对混凝土重力坝的动力响应进行了模拟，得出了坝体的加速度响应以及位移的时程变化特点。李本平等[17-19]，张甲文等[20]以LSDYNA对混凝土重力坝在钻地武器侵彻爆炸作用下的动力响应问题进行数值仿真研究。张启灵等[21]基于ABAQUS有限元程序对某典型的重力坝坝段结构进行爆炸荷载作用下的损伤塑性时程分析。张社荣、王高辉等人[22-32]以AUTODYN为平台，建立自由场水下爆炸SPH-FEM耦合模型，进而采用SPH-FEM耦合算法，将SPH法用于模拟爆炸近区坝体的大变形，FEM法用于模拟远场坝体响应，建立混凝土重力坝水下接触爆炸全耦合数值模型，分析水下接触爆炸冲击荷载作用下大坝的动态响应特性及其毁伤机理。王帅[33]通过SPH-FEM耦合方法，建立了重力坝水下爆炸全耦合模型，研究了水下爆炸冲击荷载作用下不同的炸药起爆距离、起爆深度及装药量对大坝动力响应及破坏模式的影响规律以及大坝不同部位的震动规律。李鸿波等人[34, 35]自主研发了有限元程序，分析模拟在爆炸冲击荷载作用下混凝土重力坝变形、破坏效应和动力响应过程。Linsbauer [36]通过建立库水与坝体系统的全耦合模型，探讨了含裂缝的混凝土重力坝在深水爆炸作用下的动力响应和破坏机理以及坝体稳定性。王冰玲等人[37]开发了一个适合于脆性材料破坏模拟的随机网格生成算法，利用该方法将介质用四面体单元离散化并选择离散元法中的平行黏结模型模拟材料的强度特征，利用开发的随机网格生成算法建立了混凝土重力坝模型，对爆炸荷载下混凝土坝的溃坝过程进行了模拟仿真。Lu等人[38-40]采用ABAQUS软件研究了冲击震动对混凝土重力坝的弹性响应和动态断裂的影响。徐强等人[41, 42]利用LS-DYNA程序数值模拟得到钢筋混凝土板在爆炸荷载作用下的损伤破坏情况，基于流固耦合算法研究了水下不同炸点接触爆炸对混凝土重力坝上游有折坡段和上游无折坡段两种坝型的动力响应以及破坏状态影响。刘晓蓬[43]基于CEL方法研究了不同炸药当量，不同起爆位置、不同起爆深度等在爆炸荷载和地震作用下混凝土坝的动力响应和破坏模式，提出应对措施以增强坝体抵抗爆炸荷载和地震作用的能力。Ren等人[44]在离心实验的基础上，建立了混凝土重力坝水下非接触爆炸破坏的三维数值模型。对不同的装药量、距离和爆炸深度进行了系统的数值模拟和参数化研究，并提出了混凝土坝水下爆炸损伤的经验计算公式。Xu Qiang[45]等人利用Euler-Lagrange 耦合的方法综合进行数值模拟，采用欧拉法对炸药、水库水和空气进行了模拟。同时，采用拉格朗日方法对CGD进行了数值模拟。对水下接触爆炸载荷作用下的Koyna CGD进行了模拟。Zhao等人[46]采用CEL（Lagrange-Euler耦合）研究了近距离水下爆炸对有孔混凝土重力坝非线性动力响应的影响。分析了混凝土重力坝有孔和无孔对混凝土重力坝的破坏影响。

水下爆炸荷载作用下的混凝土坝动力响应涉及多种介质（爆炸产物、水、混凝土、空气）之间的耦合作用，目前，不同爆炸参数（如炸药当量、爆深、爆距等）和坝体参数（孔口尺寸、坝前水位等）对拱坝抗爆性能影响的研究仍有不足，缺少综合性的分析，对坝体的动力破坏规律的研究不够深入和全面。

为了了解水下爆炸荷载下孔口对混凝土重力坝破坏的影响，采用数值模拟的方法分别研究了坝前水位为80 m，炸药当量为318 kg，爆炸深度为15 m，爆炸距离为15 m情况下无孔坝体和有孔坝体的破坏效应，得到了无孔坝体和有孔坝体的破坏云图变化过程，结果表明：在水下爆炸冲击荷载的作用下，坝体孔口区域附近发生了严重破坏，坝体上部的破坏集中在坝体右侧应力集中区域的坡度折点处。在水下爆炸冲击荷载的作用下，含孔口坝体的破坏程度要明显大于无孔口的坝体，孔口的存在将会降低坝体整体的安全性能。该方法可以为混凝土重力坝的安全防护提供参考，并应用于水下爆炸荷载作用下混凝土重力坝的破坏分析中。

本章构建了有孔和无孔混凝土重力坝的二维数值计算模型，对比分析了水下爆炸荷载作用下有孔和无孔时坝体的破坏效应。

4.2　AUTODYN介绍

　　AUTODYN软件是美国Century Dynamics公司开发的用于处理几何和材料大变形的非线性瞬态动力分析数值模拟软件。用来解决固体、流体和气体及相互作用的高度非线性动力学问题，它也是ANSYS Workbench的一部分。其前后处理和主解算器集成于一体，采用交互菜单操作。具有欧拉（Euler）、拉格朗日（Lagrange）、任意拉格朗日欧拉（ALE）和光滑粒子流体动力（SPH）等处理方法及混合处理方法。AUTODYN-2D/3D 软件集成了有限元、计算流体动力学（CFD）等多种处理技术，可模拟各类冲击响应、高速/超高速碰撞、爆炸及其作用问题。

　　AUTODYN软件计算的基本原理：（1）通过质量守恒、动量守恒、能量守恒、材料模型、模拟的物理模型的初始条件和边界条件建立连续介质运动方程；（2）在AUTODYN软件中，方程通过显式积分和不同的计算方法来实现求解过程；（3）对于不同的求解器，方程形式都是基本相同的，具体的求解过程根据求解器而定。

　　AUTODYN软件中的分析技术主要包括显式分析、瞬态动力学、条件稳定性、亚弹性、非线性、可压缩流体、动力松弛（用于准静态分析）、自动接触、自动流体–结构耦合等。

　　AUTODYN软件中的求解器类型主要包括流体求解器、Lagrange求解器、ALE求解器、Euler求解器等。

　　AUTODYN提供很多高级功能，具有深厚的军工背景，在国际军工行业占据80％以上的市场。如下是AUTODYN的典型应用：（1）装甲和反装甲的优化设计；（2）航天飞机、火箭等点火发射；（3）战斗部设计及优化；（4）水下爆炸对舰船的毁伤评估；（5）针对城市中的爆炸效应，对建筑物采取防护措施，并建立保险风险评估；（6）石油射孔弹性能研究；（7）国际太空站的防护系统的设计；（8）内弹道气体冲击波；（9）高速动态载荷下材料的特性。

4.3　算法分析

　　采用经验法研究的费用相对较大且较为危险，对于混凝土重力坝体的实际受力模拟不够准确，考虑到经济性、安全性和数据的准确性，国内外研究机构采用数值模拟法对爆炸荷载作用下混凝土重力大坝结构破坏机理进行研究。目前在研究爆炸冲击波与结构之间动力相互耦合作用的方法主要有Lagrangian 算法、Eulerian算法、Eulerian-Lagrangian 耦合方法、ALE（Arbitrary Lagrange- Eulerian）算法等。

　　Lagrangian算法能准确描述固体力学和结构力学问题，且与其他算法相比计算速度较快。然而对于分析流体、流固耦合问题以及固体结构大变形问题时，由于材料的流动和大变形将造成有限元网格严重畸变，引起数值计算精度下降甚至无法继续计算，如爆炸、超高速碰撞、锻压成型等。

　　Eulerian法非常适于精确模拟气体、流体的流动和固体结构的大变形问题，避免了用有限单元技术和Lagrange方法难以处理又无法回避的三维网格的重划分和自由液面跟踪问题，并实现流体–固体耦合的动态分析。但该算法需要较小的网格单元才能获得较高的计算精度，且在捕捉物体边界信息上较为困难，计算效率较低。

　　单纯的Lagrangian方法和Eulerian方法均具有各自的优点和缺点，而将两种方法有机地结合起来，充分发挥各自算法的优势，将有效解决爆炸冲击结构响应中的大变形及计算效率问题。耦合的Lagrangian-Eulerian方法（Coupled Lagrangian-Eulerian，CEL）充分联合了Lagrangian方法和Eulerian方法的优势，可有效描述流固耦合动态相互作用及大变形问题。

　　基于以上的分析，采用CEL方法作为数值模拟算法。

4.4   水下爆炸力学模型的建立

4.4.1   计算简图

如图4-2所示，坝前水位为80 m，TNT炸药的爆距和爆深均为15 m，库水宽度为100 m，下游起坡点到坝顶的距离为25 m，坝顶宽度为20 m，坝底宽度为75 m，坝基长度为180 m。有孔坝体的孔高为10 m，孔口下端距坝底的距离为60 m，其他几何尺寸和无孔坝体一样。TNT假定半径为0.36 m的球形炸药，炸药当量约为318 kg。在库水上方建立空气模型，空气包围坝体、坝基以及水介质上表面。使用CEL算法分别数值模拟有孔和无孔混凝土重力坝在水下爆炸荷载作用下的破坏规律。采用 AUTODYN 材料库中的CONC-35MPA作为坝体材料，具体参数如表4-1所示。材料本构模型选择RHT concrect模型和RHT concrect失效模型。由Riedel等[47]提出的RHT 模型能描述混凝土从弹性到失效的整个过程，该模型被广泛地用于冲击荷载下混凝土的损伤断裂问题研究。库水参数如表4-2所示，坝体和坝基均采用Lagrange网格建模，TNT、WATER、AIR均采用Euler网格建模，单元尺寸为0.3 m，无孔模型总的网格数为312 431，有孔模型总的网格数为315 432。

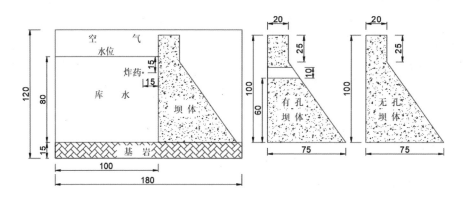

图4-2   水下爆炸无孔和有孔坝体计算示意图

表4-1 CONC-35MPA材料参数

密度/ (g/cm³)	抗压强度/ MPa	切变模量/ GPa	抗拉强度 (f_t / f_c)	抗剪强度 (f_s / f_c)
2.314	35	16.7	0.1	0.18

表4-2 WATER材料常数

$A_1 (T_1) /$ kPa	$A_2/$ kPa	$A_3/$ kPa	$B_0 (B_1)$	T_2
2.2×10^6	9.54×10^6	1.46×10^6	0.28	0

4.4.2 JWL状态方程

$$p = A\left(1 - \frac{\omega}{R_1 V}\right) e^{-R_1 V} + B\left(1 - \frac{\omega}{R_2 V}\right) e^{-R_2 V} + \frac{\omega E}{V}$$

式中，p 为爆轰压力；V 为爆轰产物的相对体积；E 为单位体积内能；A、B、R_1、R_2 分别为表征炸药特性参数。炸药参数如表4-3所示。

表4-3 TNT炸药参数

炸药密度$\rho/$ (g/cm³)	炸药爆速$D/$ (m/s)	爆压$P/$ GPa	表征炸药特性参数$A/$ GPa	表征炸药特性参数$B/$ GPa	表征炸药特性参数R_1	表征炸药特性参数R_2	表征炸药特性参数ω	爆轰产物的相对体积V	单位体积内能$E/$GPa
1.63	6930	21	373.77	3.75	4.15	0.90	0.35	1.0	6.0

4.4.3　空气方程

模拟选取材料AIR，采用 Idear Gas状态方程[48]。

$$p = (\gamma - 1)\rho e$$

式中，ρ为空气密度，取值1.225 kg/m；e为空气初始内能，取2.068×10^5 kJ/kg；γ为材料常数，取1.4。

4.4.4　坝基

将AUTODYN材料库中的CONC-140MPA作为坝基材料，使用CONC-140MPA材料分析计算时采用Linear状态方程，Johnson-Cook强度模型和Principal-stress失效模型。坝基材料参数取值如表4-4所示。

表4-4　坝基材料参数

密度 ρ/（g/cm³）	弹性模量 E/GPa	泊松比 μ	屈服极限 σ_s/MPa	抗拉强度 f_t/MPa	抗压强度 f_c/MPa
2.6	50	0.16	40	24	70

4.5　水下爆炸作用下无孔和有孔坝体的破坏变化分析

4.5.1　无孔坝体的破坏云图变化过程

由图4-3的无孔坝体破坏变化过程可以发现，在t=9 ms时，坝体在临近爆炸中心点坝体表面的地方发生了压缩破坏；在t=15 ms时，近水面处都发生了水面切断效应，坝体产生了一定的损伤；应力波在坝体内部传播至坝体右侧的坡度折点位置处，坝体的折点处损伤较为严重；在t=20 ms时，坝体右侧表面由于反射的拉伸应力波而形成了部分范围的拉伸破坏，反射的拉伸应力波在坝体内扩散，坝体的破坏范围也随之扩大；在t=40 ms左右的时候拉伸应力波传至坝体的底部，造成了坝体底部的拉伸破坏；在t=60 ms时可以看到坝体的破坏主要集中在右侧坡度折点和坝体底部附近。

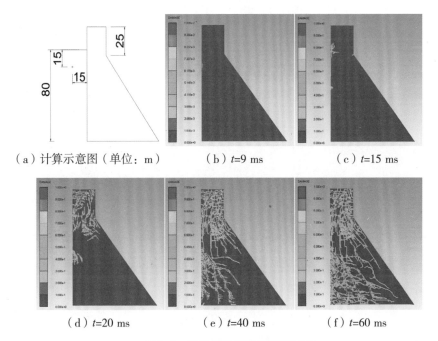

（a）计算示意图（单位：m）　　（b）t=9 ms　　（c）t=15 ms

（d）t=20 ms　　（e）t=40 ms　　（f）t=60 ms

图4-3　无孔坝体的破坏变化过程

4.5.2   有孔坝体的破坏云图变化过程

从图4-4的有孔坝体的破坏变化过程可以看到，在t=10 ms时，水下爆炸的冲击波传递到正对爆炸点的坝体表面孔口上下位置，产生了小范围压缩破坏；在t=16 ms时，压缩应力波传至坝体右侧面处时发生了反射和透射，产生了拉伸应力波，在坝体右侧坡度折点处发生了应力集中破坏；在t=20 ms时，坝体的损伤逐渐扩大，但基本集中在坝体的头部和孔口上下的位置；在t=40 ms时，坝体的破坏程度和范围都在不断扩大，孔口上下方的损伤非常严重；在t=60 ms时，损伤扩散至坝体底部位置，孔口上下方范围内发生了贯穿性的破坏。

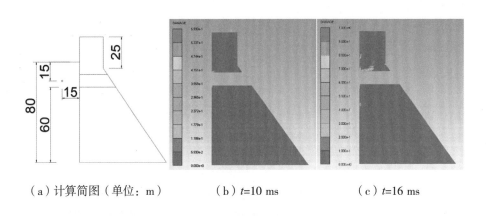

（a）计算简图（单位：m）　　　（b）t=10 ms　　　（c）t=16 ms

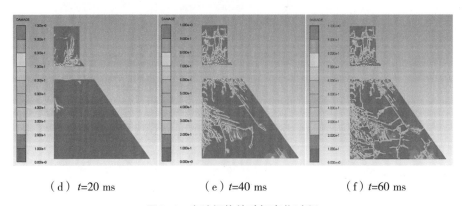

（d）t=20 ms　　　　（e）t=40 ms　　　　（f）t=60 ms

图4-4   有孔坝体的破坏变化过程

　　对比图4-3和图4-4可以发现，在t=20 ms、40 ms、60 ms时，水下爆炸荷载作用下的有孔坝体的破坏程度比无孔坝体的破坏程度更为严重，有孔坝体的孔口位置附近发生了贯穿性的破坏，无孔坝体的该位置附近的破坏相对较小。

4.6　坝体防护措施

　　（1）尽量不使用有孔坝体，或者在设计和防护中对有孔坝体的孔洞位置进行加固处理，使用高强度、高韧性的混凝土来进行修筑坝体，或者在坝体内部加筋处理，提高坝体整体的抗压强度和抗拉强度。

　　（2）在坝体右侧的坡度折点处容易发生应力集中效应而产生拉伸破坏，可以在设计坝体的时候尽量避免坝体有折点或其他容易产生应力集中效应的地方。

　　（3）可以通过在混凝土坝体表面铺设抗爆材料（如泡沫铝），减小坝体内部受到冲击应力的影响，来增强坝体整体的抗爆性能。

4.7　实验研究可行性方案

4.7.1　混凝土板的水下爆炸实验

　　水下爆炸实验如图4-5所示。A为混凝土板，炸药当量为0.4 kg，起爆距离R为400 mm，起爆深度H为2 000 mm，混凝土板的边长b为1 200 mm，混凝土板的厚度t为40 mm，通过水下传感器测试混凝土结构在近距离水下爆炸的变形和损伤扩展过程。

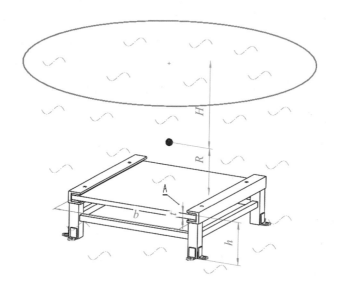

图4-5　水下爆炸实验示意图

4.7.2　摆锤冲击实验

通过设计摆锤冲击实验，采用缩小比例的方法近似模拟混凝土坝模型在爆炸荷载作用下的动力响应和破坏模式。为近场无接触水下爆炸荷载作用下混凝土重力坝安全评估提供依据。如图4-6所示，混凝土坝模型，坝面固定密封的水袋，水袋均匀装满水，将摆锤提至水平，由静止开始释放，摆锤到达最低点速度最大，对水袋的冲击力模拟水下爆炸荷载的作用，在冲击点处布置水下传感器，测试混凝土坝体模型的动力响应。

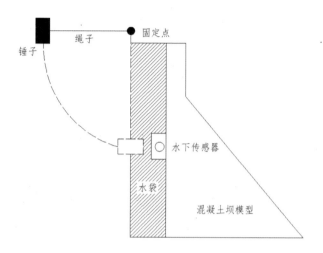

图4-6　摆锤冲击实验示意图

4.8　结论

　　数值模拟结果表明：在水下爆炸冲击荷载的作用下，坝体的破坏主要发生在孔口的薄弱部位，孔口区域附近发生了严重破坏，坝体上部的破坏集中在坝体右侧应力集中区域的坡度折点处。含孔口坝体的破坏程度要明显大于无孔口坝体的破坏程度，孔口的存在增加了坝体的危险性。该方法可以为水下爆炸荷载作用下孔口对混凝土重力坝的安全防护提供理论指导。

参考文献

[1] REN X D, SHAO Y.Numerical Investigation on Damage of Concrete Gravity Dam during Noncontact Underwater Explosion[J].J. Perform. Constr. Facil, 2019, 33（6）: 04019066.

[2] WANG G H, ZHANG S R, KONG Y, et al.Comparative Study of the Dynamic Response of Concrete Gravity Dams Subjected to Underwater and Air Explosions[J]. Journal of Performance of Constructed Facilities, 2015, 29（4）: 4014092.

[3] 张社荣，王高辉，王超.高混凝土坝水下分析理论与方法[M].北京：科学出版社：中国北京，2016.3.

[4] 陆遐龄，梁向前，胡光川，等.水中爆炸的理论研究与实践[J].爆破，2006（2）: 9-13.

[5] 张雪东，侯瑜京，梁向前，等.水下爆破对大坝影响的离心模拟实验研究[J].西北地震学报，2011, 33（81）: 234-236.

[6] VANADIT-ELLIS W, DAVIS L K.Physical modeling of concrete gravity dam vulnerability to explosions[C].Waterside Security Conference（WSS）, 2010 IntemationaL IEEE, 2010: 1-11.

[7] 陆路.混凝土重力坝在水下冲击波作用下的损伤及防护决策研究[D].大连：大连理工大学，2012.

[8] LU L, XIN L, JING Z.Experimental study of the impact of a strong underwater shock wave on a concrete dam[C].Applied Mechanics and Materials.Trans Tech Publications, 2012, 152: 1063-1070.

[9] LU L, LI X, ZhOU J.Protection Scheme for Concrete Gravity Dam Acting by Strong Underwater Shock Wave[J].Advanced Science Letters, 2013, 19（1）: 238-243.

[10] LU L, LI X, ZHOU J.Study of Damage to a High Concrete Dam Subjected to Underwater Shock Waves[J].Earthquake Engineering and Engineering

Vibration，2014，13（2）：337–346.

[11] 王山山，任青文.重力坝在冲击荷载作用下破坏模型实验[J].水力发电学报，2010，29（5）：11–13.

[12] 顾培英，肖仕燕，邓昌，等.均匀冲击荷载作用下重力坝的损伤分析[J].华北水利水电大学学报（自然科学版），2015，36（5）：18–22.

[13] 顾培英，肖仕燕，邓昌，等.冲击荷载作用下混凝土重力坝破坏特性分析[J].长江科学院院报，2016，33（5）：48–52.

[14] Jianfeng Si，Dongwang Zhong，Wei Xiong.Piezoceramic–Based Damage Monitoring of Concrete Structure for Underwater Blasting（J）.sensors，2020，20（1672）：337–346.

[15] 宋顺成，才鸿年.模拟战斗部对混凝土侵彻与爆炸耦合作用的计算[J].弹道学报，2004（4）：23–28.

[16] 徐俊祥，刘西拉.水中爆炸冲击下混凝土坝动力响应的全耦合分析[J].上海交通大学学报，2008（6）：1001–1004.

[17] 李本平，王永，卢文波.制导炸弹在坝前水面爆炸破坏效应研究[J].爆破，2007（4）：7–10.

[18] 李本平，卢文波.制导炸弹水平侵彻爆炸作用下混凝土重力坝毁伤效应数值仿真[J].爆破，2007（1）：1–5.

[19] 李本平.制导炸弹连续打击下混凝土重力坝的破坏效应[J].爆炸与冲击，2010，30（2）：220–224.

[20] 张甲文，孟会林，卢江仁.混凝土重力坝在侵彻及爆炸加载下的仿真分析[J].弹箭与制导学报，2008（3）：126–130.

[21] 张启灵，李端有，李波.水下爆炸冲击作用下重力坝的损伤发展及破坏模式[J].爆炸与冲击，2012，32（6）：609–615.

[22] 张社荣，王高辉.混凝土重力坝抗爆性能及抗爆措施研究[J].水利学报，2012，43（10）：1202–1213.

[23] 张社荣，王高辉，王超，等.水下爆炸冲击荷载作用下混凝土重力坝的破坏模式[J].爆炸与冲击，2012，32（5）：501–507.

[24] 张社荣，王高辉.水下攥炸冲击荷载下混凝土重力坝的抗爆性能[J].爆炸与冲击，2013，33（3）：255–262.

[25] 张社荣，孔源，王高辉，等.混凝土重力坝水下接触爆炸下的毁伤特性分析[J].水利学报，2014，45（9）：1057-1065.

[26] 张社荣，孔源，王高辉.水下和空中爆炸时混凝土重力坝动态响应对比分析[J].振动与冲击，2014，33（17）：47-54.

[27] 朱祖国，王高辉，许昌，等.水下爆炸冲击作用下混凝土闸坝的失效模式分析[J].水利与建筑工程学报，2015，13（5）：36-40.

[28] 赵小华，王高辉，卢文波，等.混凝土重力坝含孔口坝段在水下爆炸荷载作用下的毁伤特性[J].振动与冲击，2016，35（22）：101-107.

[29] 李麒，王高辉，卢文波，等.库前水位对混凝土重力坝抗爆安全性能的影响[J].振动与冲击，2016，35（14）：19-26.

[30] 张社荣，于茂，王超，等.不同横缝状态影响下混凝土重力坝抗爆性能研究[J].河海大学学报（自然科学版），2017，45（6）：509-514.

[31] 范鹏鹏，赵小华，王高辉，等.孔口对混凝土重力坝抗爆性能的影响分析[J].水电与抽水蓄能，2018，4（1）：85-90.

[32] YANG G, WANG G, LU W, et al.A SPH–Lagrangian–Eulerian approach for the simulation of concrete gravity dams under combined effects of penetration and explosion[J].KSCE Journal of Civil Engineering, 2017: 1-17.

[33] 王帅.基于FEM/SPH方法的水下爆炸冲击荷载作用下的混凝土重力坝破坏模式研究[D].天津：天津大学，2012.

[34] 李鸿波，张我华，陈云敏.爆炸冲击荷载作用下重力坝三维各向异性脆性动力损伤有限元分析[J].岩石力学与工程学报，2006（8）：1598-1605.

[35] 李鸿波.混凝土大坝各向异性脆性动力损伤问题的三维有限元程序与分析[D].杭州：浙江大学，2006.

[36] LINSBAUER H. Hazard potential of zones of weakness in gravity dams under impact loading conditions[J], Frontiers of Architecture and Civil Engineering in China, 2011, 5（1）：90-97.

[37] 王冰玲，浏军.爆炸载荷下混凝土坝溃坝过程的连续仿真[J].系统仿真报，2014，26（1）：159-162.

[38] LU L, XIN L, ZHOU J, et al.Numerical simulation of shock response and dynamic fracture of a concrete dam subjected to impact load[J].Earth Sciences

Research Journal，2016，20（1）：1-6.

[39] LU L，ZOU D，ZHU Y，et al.An Analytical Solution for Dynamic Response of Water Barrier Subjected to Strong Shock Waves Caused by an Underwater Explosion to Dams[J].Polish Maritime Research，2017，24（s2）：111-117.

[40] LU L，KONG X，DONG Y，et al.Similarity relationship for brittle failure dynamic model experiment and its application to a concrete dam subjected to explosive load[J].International Journal of Geomechanics，2017，17（8）：04017027.

[41] 徐强，曹阳，陈健云，等.混凝土重力坝接触爆炸的响应及破坏特性分析[J].湖南大学学报（自然科学版），2016，43（7）：62-74

[42] 徐强，陈健云，刘静，等.不同坝型重力坝水下接触爆炸特性研究[J].工程科学与技术，2017，49（1）：50-59.

[43] 刘晓蓬.爆炸荷载和地震作用下混凝土坝动力破坏及防护措施研究[D]，大连：大连理工大学，2018.

[44] REN X D，SHAO Y.Numerical Investigation on Damage of Concrete Gravity Dam during Noncontact Underwater Explosion[J].J. Perform. Constr. Facil，2019，33（6）：04019066.

[45] XU Q，CHEN J Y，LI J，et al.Numerical study on antiknock measures of concrete gravity dam bearing underwater contact blast loading[J].Journal of Renewable and Sustainable Energy，2018（10）：014101.

[46] ZHAO X H，WANG G H，LU W B，et al.Effects of close proximity underwater explosion on the nonlinear dynamic response of concrete gravity dams with orifices[J].Engineering Failure Analysis，2018（92）：566－586.

[47] HARTMANN T，PIETZSCH A，GEBBEKEN N.A hydrocode material model for concrete[J].International Journal of Protective Structures，2010，1（4）：443-468.

[48] JOHNSON G R.Computed radial stresses in a concrete target penetrated by a steel projectile[C]//Proceedings of the 5th International Conference on Structures under Shock and Impact.Greece，1998：793-806.

第5章
力学在考古工程中的应用

在山西省大同市浑源县境内，有一座始建于北魏太和十五年，距今有1 400多年历史的悬空寺[1, 2]。悬空寺距地面最低60 m，最高处的三教殿离地面90 m，悬空寺发展了我国的建筑传统和建筑风格，整个寺院，上载危崖，下临深谷，背岩依龛，寺门向南，以西为正。全寺为木质框架式结构，集美学、力学、佛学、建筑学为一体[3]，其建筑特色可以概括为"奇、悬、巧"[1, 2]。

奇——远望悬空寺，像镶嵌在悬崖峭壁间的浮雕，近看悬空寺，大有凌空欲飞之势。

悬——全寺表面看上去支撑它们的是十几根碗口粗（直径不超过10 cm）的木柱，其实有的木柱根本不受力。据说在悬空寺建成时，没有这些木桩，人们看见悬空寺似乎没有任何支撑，害怕走上去寺会掉下来，为了让人们放心，所以在寺底下安置了些木柱，所以有人用"悬空寺，半天高，三根马尾空中吊"来形容悬空寺。

巧——体现在建寺时因地制宜，充分利用峭壁的自然状态布置和建造寺庙各部分建筑，将一般寺庙平面建筑的布局、形制等建造在立体的空间中，山门、钟鼓楼、大殿、配殿等都有，设计非常精巧。

悬空寺的选址之险，建筑之奇，结构之巧，丰富的内涵，堪称世界一绝。它不但是中华民族的国宝，也是人类的珍贵文化遗产。英国的一位建筑学家写道："中国的悬空寺把力学、美学和宗教融合为一体，做到尽善尽美，这样奇特的艺术，在世界上是罕见的，通过这次参观游览，才真正看到这个古老民族的灿烂文化艺术和文明历史。悬空寺不仅是中国人民的骄傲，也是世界人民的骄傲"。

左冉东等[4]建立了悬空寺的力学模型，着重讨论了横梁和支撑立柱的受力与曲屈问题，许月梅[5]建立了悬空寺的理论力学模型，给出了承受荷载和横梁长度的关系。本章从实际受力出发，采用理论分析和数值模拟相结合的方法建立力学模型，为悬空寺可靠性分析提供借鉴。

图5-1　悬空寺奇观

5.1　悬空寺横梁力学模型建立与分析

悬空寺结构示意图如图5-2所示，悬空寺整体坐落在横梁上，这些横梁约 $\frac{2}{3}$ 的长度深入岩壁，约 $\frac{1}{3}$ 的长度外露。以岩石平台为支点，每根横梁可承受数吨重量，在横梁的自由端处，设置立柱。从表面看，悬空寺通过横梁和立柱来支撑，悬空寺基层的楼板可以当作放在几根横梁上的薄板，因此悬空寺的重量可以认为均匀分布在这些横梁上。每根横梁插入岩壁中，插入端可以看作固定端支座，自由端处强行装配支撑立柱，立柱上端可以转动，但不能移动，可以看作可动铰支座，因此，横梁可以看作静不定梁，支撑立柱可以看作上端为可动铰支座，下端为固定端支座的细长压杆。文献[6]记载：在横梁的下面，还有一部分是3 m长的这个岩石的基座，横梁有3 m都是紧紧依靠在岩石之上的，只有1 m是真正悬空的。也就是说横梁长度记为 L ，其中 $\frac{3}{4}L$ 长度的横梁和岩石接触， $\frac{1}{4}L$ 长度的横梁悬空。左冉东[4]和许月梅[5-6]认为横梁与岩石之间不完全接触，横梁在 B 点与岩石形成点支撑，因此力学模型为图5-3（a）。根据实际情况，我们认为横梁与岩石之间是完全接触的，假设岩石与横梁均匀接触，因此计算简图如图5-3（b）所示。

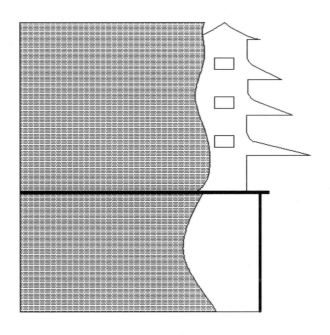

图5-2　悬空寺结构示意图

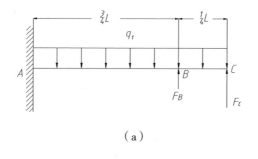

（a）

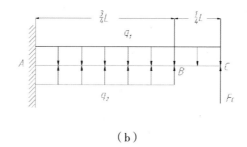

（b）

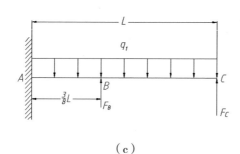

（c）

图5-3   悬空寺计算简图

该计算简图AC梁为2次超静定梁，为要保证基层楼板的稳定，要求AC段保持水平，要求AC横梁在C处的位移为0，根据材料力学[7]求解超静定梁的几何关系是：

$$\Delta_B = \Delta_{q_1 B} + \Delta_{q_2 B} + \Delta_{F_C B} \qquad (5.1.1)$$

$$\Delta_C = \Delta_{q_1 C} + \Delta_{q_2 C} + \Delta_{F_C C} \qquad (5.1.2)$$

横梁在均布载荷 q_1 作用下在B处产生的挠度 $\Delta_{q_1 B}$ 和在C处产生的挠度 $\Delta_{q_1 C}$ 分别为：

$$\Delta_{q_1 B} = \frac{q\left(\frac{3}{4}L\right)^2}{24EI}\left[\left(\frac{3}{4}L\right)^2 + 6L^2 - 4L \times \frac{3}{4}L\right] \qquad (5.1.3)$$

$$\Delta_{q_1 C} = \frac{q_1 L^4}{8EI} \qquad (5.1.4)$$

横梁在均布反力 q_2 作用下在B处产生的挠度 $\Delta_{q_2 B}$ 为：

$$\Delta_{q_2 B} = \frac{q_2 \left(\frac{3L}{4}\right)^4}{8EI} \qquad (5.1.5)$$

横梁在均布反力 q_2 作用下在C处产生的挠度 $\Delta_{q_2 C}$ 由两部分组成，分别为由 q_2 作用下B处产生的挠度和由B处产生的转角引起的在C处的挠度，故有：

$$\Delta_{q_2 C} = \Delta_{q_2 B} + \Delta_{\theta C} \qquad (5.1.6)$$

$$\Delta_{q_2 B} = -\frac{q_2 \left(\frac{3}{4}L\right)^4}{8EI} \qquad (5.1.7)$$

$$\theta_{q_2 B} = -\frac{q_2 \left(\frac{3}{4}L\right)^3}{6EI} \qquad (5.1.8)$$

如果把BC部分看作刚性杆，则有：

$$\Delta_{\theta C} = \theta_{q_2 B} \times \frac{1}{4}L \qquad (5.1.9)$$

横梁在集中力 F_C 单独作用下在B处和在C处产生的挠度分别为：

$$\Delta_{F_C B} = -\frac{F_C}{6EI}\left(\frac{3L}{4}\right)^2\left(3L - \frac{3L}{4}\right) \tag{5.1.10}$$

$$\Delta_{F_C C} = -\frac{F_C L^3}{3EI} \tag{5.1.11}$$

联立以上方程，得：

$$F_C = 0.153q_1 L \tag{5.1.12}$$

$$q_2 = 1.295q_1 \tag{5.1.13}$$

从式（5.1.13）可以看出岩石对横梁的支反力：

$$F_B = q_2 \times \frac{3}{4}L = 0.97q_1 L \tag{5.1.14}$$

从式（5.1.12）、式（5.1.14）可以看出，横梁下面的支撑立柱受力相对较小，整个悬空寺主要靠横梁来支撑。支撑立柱表面看起支撑的作用，实际上立柱主要不是用来承重的，在功能上装饰性大于结构受力。

5.2　悬空寺支撑立柱力学模型建立与分析

支撑立柱结构示意图如图5-4所示，横梁自由端处强行装配支撑立柱，支撑立柱上端和下端可以转动，但不能移动，可以看成固定铰支座。支撑立柱力学模型可简化为两端铰支结构，如图5-5所示，支撑立柱的临界应力 σ_{cr} 为：

$$\sigma_{cr} = \frac{\pi^2 E}{\lambda^2} \qquad (5.2.1)$$

支撑立柱的柔度 λ 为：

$$\lambda = \frac{\mu l}{i} \qquad (5.2.2)$$

其中，惯性半径：$i = \sqrt{\dfrac{I}{A}} = \dfrac{d}{4}$，则支撑立柱的临界力为：

$$F_{cr} = \sigma_{cr} A \qquad (5.2.3)$$

联立上式，得：

$$F_{cr} = \frac{\pi^3 E d^4}{64 \mu^2 l^2} \qquad (5.2.4)$$

图5-4 支撑立柱结构示意图　　图5-5 支撑立柱计算简图

根据文献[4]，悬空寺最高的建筑三官殿重质量 m 约20 t；横梁截面为圆形，横梁为铁杉木材料，直径 d_1 约为50 cm，长 L 约4 m，横梁数量 n 有22根，支撑立柱长度 l 最高为14 m，碗口粗，直径 d_2 约10 cm。铁杉木木材弹

性模量 E 取 $10\,\mathrm{GPa}$ [4, 8]，长度因子 $\mu = 1$，将上述数据代入式（5.2.4）得支撑立柱的临界力：

$$F_{cr} = 2\,468.1\ \mathrm{N} \tag{5.2.5}$$

假设三官殿全部由横梁作支撑，则每根横梁所受荷载为：

$$F = \frac{mg}{n} = \frac{20 \times 10^3 \times 9.8}{22} = 8\,909\ \mathrm{N} \tag{5.2.6}$$

假设横梁与基层楼板均匀接触，则可以认为每根横梁所受的荷载沿横梁长度 l 均匀分布，则横梁受得荷载为均布荷载，荷载集度为：

$$q_1 = \frac{F}{L} = \frac{8909}{4} = 2\,227\ \mathrm{N/m} \tag{5.2.7}$$

将上式代入式（5.1.12）、式（5.2.1）中，得：

$$F_C = 0.153 q_1 L = 1\,362\ \mathrm{N} \tag{5.2.8}$$

$$F_B = 0.97 q_1 L = 8\,640\ \mathrm{N} \tag{5.2.9}$$

支撑立柱所受的压力 $F_C < F_{cr}$，故可以认为支撑立柱可以满足稳定性要求。

5.3　悬空寺横梁的强度分析

图5-6为横梁实物图，为了方便计算横梁的最大弯矩和支座反力，把图

5-3（b）中的均布荷载等效为集中力 F_B ，其中 $F_B = \dfrac{3}{4}q_2L$ ，作用点为作用范围的中点，即 $\dfrac{3}{8}L$ 处，如图5-3（c）所示。经计算得到横梁的弯矩图如图5-7所示，从图中可以看出悬空寺三官殿横梁发生最大弯矩的地方为B处，距离固定端A为1.5 m处，该处的最大弯矩可按照叠加法[9]来进行计算，最大弯矩为均布荷载 q_1 和集中力 F_C 在B处弯矩的叠加，即：

$$M_{\max} = \frac{1}{2}q_1(L - \frac{3}{8}L)^2 - F_C(L - \frac{3}{8}L) \qquad (5.3.1)$$

按等直梁分析，最危险的点在横梁B处截面的最边缘点处，则：

$$\sigma_{\max} = \frac{M_{\max}}{W_z} \qquad (5.3.2)$$

$$W_z = \frac{\pi}{32}d_2^{\ 3} \qquad (5.3.3)$$

联立式（5.3.1）~式（5.3.3）得：

$$M_{\max} = -3\,554\ \text{N} \cdot \text{m} \qquad (5.3.4)$$

$$\sigma_{\max} = \frac{16[q_1a^2 - F_C(L - a)]}{\pi d_2^{\ 3}} = \frac{16 \times 2\,227 \times 2.5^2 - 1\,362 \times 2.5}{\pi \times (0.5)^3} = -0.29\ \text{MPa} \qquad (5.3.5)$$

图5-6　横梁实物图

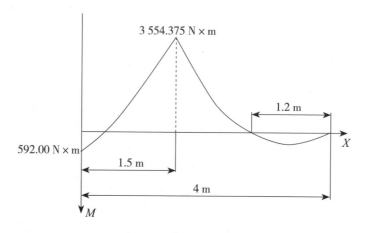

图5-7　横梁的弯矩图

横梁采用铁杉木材料，弯曲强度在54.1～88 MPa[4]，从式（5.3.5）可以看出，最大弯曲正应力远小于弯曲强度，故横梁满足强度要求。

5.4　横梁受力数值模拟分析

利用ANSYS Workbench软件进行有限元分析，对梁-柱结构建模，用轮廓线按尺寸对梁柱建立模型，然后分别设定梁、柱横截面形状和尺寸，如图5-8所示，然后对梁-柱结构划分网格如图5-9所示，在D段、E段分别施加均布载荷2 227 kN/m（相当于在整个梁上施加），在A设定固定端约束，B设定固定铰约束如图5-10所示，进行求解，最终得到横梁的应力云图如图5-11所示，从应力云图可以看出，横梁的最大应力发生在距离左端（固定端）1.5 m处，最大值为-0.289 MPa，与理论值较为一致，应力最大值远小于许用应力，验证了悬空寺的安全性和可靠性，同时也验证了数值模拟的准确性和合理性。

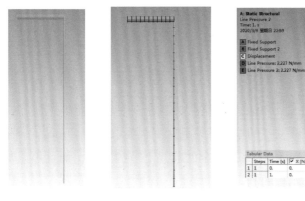

图5-8 建模　　　　图5-9 网格划分　　　　图5-10 施加载荷和约束

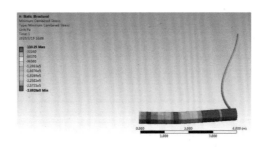

图5-11 横梁的应力云图

5.5 横梁和立柱加固方法分析

　　横梁可采用增加支撑的方法来减小最大弯矩，从而达到加固的目的。如多点支撑、斜支撑等。支撑立柱可以采取减小压杆长度的方法来提高其稳定性，从而达到加固的目的。在支撑立柱中间加一个横梁支撑，那么支撑立柱的长度减半，立柱可承受的临界压力 F_{cr} 为原来的四倍，承载能力提升。如果对支撑立柱多增加横梁支撑，那么对支撑立柱的加固更好。

5.6 结论

悬空寺支撑立柱受力相对于横梁受力较小，悬空寺整体主要靠横梁支撑。横梁的强度和支撑立柱的稳定性均满足工程要求。悬空寺的横梁采用等强度梁的思想，不仅可以在保证安全的前提下节约木材，而且可以节省空间，降低自重，提高结构的利用率。

参考文献

[1] 孙杨.山西大同悬空寺的建筑与文化[J].中国宗教，2019（7）：84–85.

[2] 李春郁.悬空寺的巧妙设计理念探究[J].兰台世界，2014（10）：113–114.

[3] 赵力军.凌空悬寺[J].走向世界，2020（25）：124–127.

[4] 左冉东，张铮，苏飞，等."空而不悬"的悬空寺[J].力学与实践，2018，40（3）：348–351.

[5] 许月梅.悬空寺"悬而不险"的力学揭秘[J].力学与实践，2011，33（2）：112–113.

[6] 许月梅.应用案例教学法加强本科生的工程教育——悬空寺横梁的力学建模训练[C].北京力学会.北京力学会第17届学术年会论文集.北京力学会：北京力学会，2011：545–549.

[7] 孙训方. 材料力学[M].北京：高等教育出版社，2009：195–197.

[8] 高子震.铁杉正交胶合木设计制造与性能评价[D].南京：南京林业大学，2017.

[9] 王永跃，徐光文.工程力学[M].天津：天津大学出版社，2005：160–161.

[10] 张岩.ANSYS Workbench15.0有限元分析从入门到精通[M].北京：机械工业出版社，2014.11.

[11] 陈艳霞，ANSYS Workbench15.0有限元分析[M].北京：电子工业出版社，2018.3.

6.1　研究背景

膨胀技术是近几年出现的一种新技术，其广泛应用于钻井、井下炮眼堵塞、膨胀工具制定等领域[1-5]，这种技术一般包括膨胀椎体和膨胀管两个重要部分，膨胀椎体与膨胀管相结合，膨胀椎体在膨胀力的推动下，膨胀管发生塑性变形，使膨胀管膨胀至设计的尺寸，达到完成特定工程目的，膨胀技术具有以下优点[6]：（1）结构简单，成本低廉，易于操作；（2）膨胀后，膨胀管与套管间封堵性好、悬挂力强。目前炮眼堵塞领域常用到的堵塞结构为膨胀管式结构[7, 8]，此堵塞结构示意图如图6-1所示，膨胀锥体通过膨胀力的推动，使膨胀管发生胀裂，从而使胀裂管与炮孔壁紧密结合，增大了膨胀管与炮孔壁的阻力，达到了提高封堵质量的目的。

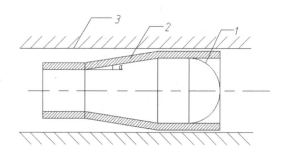

图6-1　堵塞结构示意图

1—膨胀锥体；2—膨胀管；3—炮孔壁

膨胀技术应用于炮眼堵塞领域是多种技术参数共同促成的，其中膨胀力是比较关键的技术参数，膨胀力的理论计算是优化膨胀工具的基础。

目前，各种文献对膨胀力的理论计算研究较少或者比较复杂，大多数文献以有限元计算和试验分析的方法研究，缺乏有效的理论支撑。本章以膨胀模型为研究对象，依据弹性力学理论建立了膨胀力力学模型，为膨胀结构的设计提供理论支撑。

6.2　膨胀管极限压力理论分析

膨胀式结构是通过膨胀工具使材料达到屈服极限，产生塑性变形，从而达到径向膨胀的目的。在此过程中，要考虑达到膨胀结构的塑性极限所需的最小膨胀压力，推导膨胀压力的计算公式极为关键。

为了计算方便，推导前先做如下假设：(1)膨胀管材料为各向同性材料，均匀性材料；（2）应力沿微元圆段是均匀的；（3）变径区的切应力是由摩擦力所引起的，其大小为$\mu\sigma_r$，方向沿着l方向。μ为变径段的摩擦因数，σ_r为径向应力。

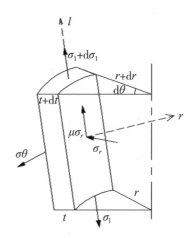

（a）膨胀式堵塞结构计算简图 　　　（b）微元体力学分析图

图6-2　膨胀式堵塞结构计算简图及微元体力学分析

图6-2为膨胀式堵塞结构计算简图及微元体力学分析图，从图6-2（a）中膨胀管上截取阴影部分作为微元体，如图6-2（b）所示，假设微元体所受的径向应力、环向应力、轴向应力分别为 σ_r、σ_θ、σ_l，沿微元体径向 r 方向列平衡方程为：

$$\sigma_r \frac{rd\theta \cdot dr}{\sin\alpha} + 2\sigma_\theta \left(t \frac{dr}{\sin\alpha} \right) \sin\frac{d\theta}{2} \cos\alpha = 0 \tag{6.2.1}$$

式中，t 为膨胀管壁厚；α 为膨胀管顶锥半锥角。

由于 $d\theta$ 较小，故 $\sin\dfrac{d\theta}{2} \approx \dfrac{d\theta}{2}$，整理式（6.2.1）可得

$$\sigma_r = -\sigma_\theta \frac{t}{r} \cos\alpha \tag{6.2.2}$$

沿微元体沿 l 方向列平衡方程为：

$$(\sigma_l + d\sigma_l)(r+dr)d\theta \cdot t - \sigma_l tr \cdot d\theta - 2\sigma_\theta \frac{tdr}{\sin\alpha}\sin\frac{d\theta}{2}\sin\alpha + \mu\sigma_r \frac{r \cdot d\theta dr}{\sin\alpha} = 0$$

$$\tag{6.2.3}$$

略去高阶无穷小量，式（6.1.3）可简化为

$$\frac{t\,\mathrm{d}(r\sigma_l)}{\mathrm{d}r} - \sigma_l t + \frac{\mu r \sigma_r}{\sin\alpha} = 0 \tag{6.2.4}$$

根据第三强度理论：$\sigma_1 - \sigma_3 = \sigma_s$，令 $\sigma = \sigma$，$\sigma_3 = \sigma_l$ 有：

$$\sigma_\theta - \sigma_l = \sigma_s \tag{6.2.5}$$

将式（6.2.2）、式（6.2.4）、式（6.2.5）联立可得

$$\frac{\mathrm{d}\sigma_l}{\sigma_l \mu\cot\alpha + \sigma_s(1 + \mu\cot\alpha)} = \frac{\mathrm{d}r}{r} \tag{6.2.6}$$

令

$$\mu\cot\alpha = D$$

将式（6.2.6）两边积分，得：

$$\frac{1}{D}\ln\left[D\sigma_l + \sigma_s(1+D)\right] + C_1 = \ln r + C_2$$

整理得：

$$D\sigma_l + \sigma_s(1+D) = r^D \times \mathrm{e}^{(DC_2 - C_1)} \tag{6.2.7}$$

令 $\mathrm{e}^{(DC_2 - C_1)} = E$，则式（6.2.7）变为：

$$D\sigma_l + \sigma_s(1+D) = r^D \times E \tag{6.2.8}$$

变径区出口边界条件有：当 $r = r_1$ 时，$\sigma_l = 0$，代入式（6.2.8）得：

$$E = \frac{\sigma_s(1+D)}{r_1^D} \tag{6.2.9}$$

将式（6.2.9）代入式（6.2.8）化简整理得轴向应力计算式为：

$$\sigma_l = -\lambda\sigma_s\left[1-\left(\frac{r}{r_1}\right)^D\right] \tag{6.2.10}$$

式中，$\lambda = \dfrac{1+D}{D}$。

再将式（6.2.10）代入式（6.2.5），得到环向应力计算公式为：

$$\sigma_\theta = \sigma_s\left\{1-\lambda\left[1-\left(\frac{r}{r_1}\right)^D\right]\right\} \tag{6.2.11}$$

将式（6.2.11）代入式（6.2.2）得

$$\sigma_r = \sigma_s\frac{t}{r}\cos\alpha\left\{1-\lambda\left[1-\left(\frac{r}{r_1}\right)^D\right]\right\} \tag{6.2.12}$$

假设膨胀管完全进入塑性膨胀，膨胀管内壁面要达到屈服极限需要在膨胀管内壁施加至少为 p 的压强。根据变径进口边界条件知：当 $r=r_2$ 时，$\sigma_r = -p$，即

$$\sigma_r = \sigma_s\frac{t}{r}\cos\alpha\left\{1-\lambda\left[1-\left(\frac{r_2}{r_1}\right)^D\right]\right\} \tag{6.2.13}$$

进一步化简得到膨胀管进入塑性膨胀所需的最小压强：

$$p = \sigma_s\frac{t}{r_2}\cos\alpha\left\{1-\frac{1+\mu\cot\alpha}{\mu\cot\alpha}\left[1-\left(\frac{r_2}{r_1}\right)^{\mu\cot\alpha}\right]\right\} \tag{6.2.14}$$

6.3　膨胀椎体所受膨胀力的计算

膨胀椎体膨胀推力包括两部分：一部分为进入变径区所需的推力 F_1 ，另一部分为克服变径区摩擦力所需推力 F_2 ，设变径区横截面面积为 A_1 ，设变径区表面面积为 A_2 ，则

$$A_1 = \frac{\pi}{4}\left(r_2^2 - r_1^2\right) \tag{6.3.1}$$

$$F_1 = \sigma_l A_1 \cos\alpha \tag{6.3.2}$$

$$A_2 = \pi\left(r_1 + r_2\right)h \tag{6.3.3}$$

$$F_2 = \mu\sigma_r A_2 \tag{6.3.4}$$

将式（6.3.1）~式（6.3.4）联立得

$$F_1 = 0.25\pi\left(r_2^2 - r_1^2\right)\lambda\sigma_s \cos\alpha\left[1 - \left(\frac{r}{r_1}\right)^D\right] \tag{6.3.5}$$

$$F_2 = \pi\frac{\left(r_1 + r_2\right)}{r}ht\mu\sigma_s \cos\alpha\left\{1 - \lambda\left[1 - \left(\frac{r_2}{r_1}\right)^D\right]\right\} \tag{6.3.6}$$

因此 F_2 膨胀椎体膨胀推力为：

$$F = F_1 + F_2 = \pi\lambda\sigma_s\left\{0.25\left(r_2^2 - r_1^2\right)\cos\alpha\left[1 - \left(\frac{r_2}{r_1}\right)^D\right] + \frac{r_1 + r_2}{r_2}\mu th\left\{1 - \lambda\left[1 - \left(\frac{r}{r_1}\right)^D\right]\right\}\right\} \tag{6.3.7}$$

从式（6.3.7）可以看出，膨胀锥体推力 F 与壁厚 t、胀裂管膨胀率 $\dfrac{r_2}{r_1}$、摩擦系数 μ、膨胀锥角 α、变径区长度 h 以及屈服极限 σ_s 等多种因素有关。

6.4　试验验证

膨胀锥体结构如图6-3所示，内径为 $0.25\pi\left(r_2^2 - r_1^2\right)\sigma_s$，膨胀后内径为 k，变径区长度为 $k = \dfrac{F_1}{F_3} = -\lambda\cos\alpha\left(1 - \omega^D\right)$，膨胀角半锥角为 k，摩擦系数0.15，膨胀管屈服强度为310 MPa，顶锥半锥角为10°时，通过万能材料试验机实测膨胀力的值，试验过程如图6-4所示，膨胀锥固定在机器夹头上，实验时，将膨胀管一端固定在工作台，另一端与膨胀锥正对，万能材料试验机液压加压，使膨胀锥通过膨胀管完成膨胀。实验数据参照文献[18]和理论计算结果如表6-1所示。

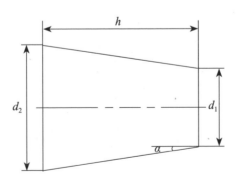

图6-3　膨胀锥体结构示意图

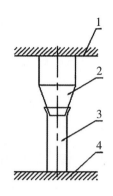

图6-4　膨胀管膨胀试验示意图

1—上挤压面；2—膨胀锥；3—膨胀管；4—下挤压面

表6-1　公式计算结果与实测膨胀力对比

膨胀半锥角/°	膨胀管壁厚/mm	膨胀前内径/mm	膨胀后内径/mm	变径区长度/mm	屈服强度/MPa	摩擦系数	膨胀力理论值/kN	膨胀力实测值/kN	误差
10	7	93.95	110.5	40	310	0.15	283.99	270	4.8%

　　从表6-1中可以看出，膨胀力的理论值与实测值误差仅为4.8%，符合工程中误差不超过5%的要求，证明了膨胀力理论计算模型的正确性和合理性，为膨胀工具的设计提供了理论支持。

6.5　理论模型简化

　　本节采用主应力法对膨胀力计算公式进行推导，引入了扩径因子，并利用有限元方法对膨胀力进行数值模拟分析，得出了扩径因子与膨胀锥角之间的变化规律，根据膨胀力与扩径因子之间的关系，简化了膨胀力的计算，为井下膨胀工具的开发设计提供理论依据。

6.5.1 膨胀力的解析式

为了便于计算，需对膨胀管材料作基本假设。（1）各向同性假设：膨胀管材料沿各个方向力学性能相同；（2）均匀性假设：膨胀管材料分布均匀，应力分布均匀。

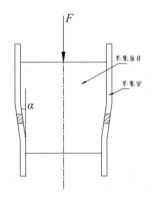

图6-5 膨胀管力学模型

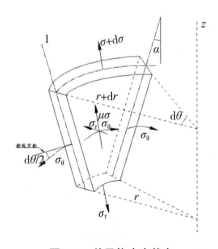

图6-6 单元体应力状态

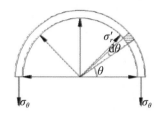

图6-7　膨胀管环向应力状态

图6-5为膨胀管力学模型图，F为膨胀力，从图6-5中膨胀管上截取阴影部分圆环作为研究对象，在塑性变形区取微小单元体，其应力状态如图6-6所示，径向应力、环向应力、轴向应力分别为σ_r、σ_θ、σ_l，沿圆环母线方向列平衡方程为：

$$\left(\sigma_l+\mathrm{d}\sigma_l\right)\left(r+\mathrm{d}r\right)\mathrm{d}\theta\cdot t-\sigma_l tr\cdot\mathrm{d}\theta-2\sigma_\theta\frac{t\mathrm{d}r}{\sin\alpha}\sin\frac{\mathrm{d}\theta}{2}\sin\alpha+\mu\sigma_r\frac{r\cdot\mathrm{d}\theta\mathrm{d}r}{\sin\alpha}=0$$

$$(6.5.1)$$

式中，t为膨胀管壁厚；α为膨胀锥角；μ为摩擦系数。

略去高阶无穷小量，式（6.5.1）可简化为

$$\frac{t\mathrm{d}\left(r\sigma_l\right)}{\mathrm{d}r}-\sigma_l t+\frac{\mu r\sigma_r}{\sin\alpha}=0$$

$$(6.5.2)$$

图6-7为膨胀管环向力学模型，沿圆环环向列平衡方程为：

$$2\sigma_\theta t\frac{\mathrm{d}r}{\sin\alpha}=\int_0^\pi\sigma_r'\,r\mathrm{d}\theta\frac{\mathrm{d}r}{\sin\alpha}\sin\theta$$

$$(6.5.3)$$

$$\sigma_r'=\frac{\sigma_r}{\cos\alpha}$$

$$(6.5.4)$$

联立式（6.5.3）与式（6.5.4）可得

$$\sigma_r=-\sigma_\theta\frac{t}{r}\cos\alpha$$

$$(6.5.5)$$

根据材料力学第三强度理论：$\sigma_1 - \sigma_3 = \sigma_s$，令 $\sigma_1 = \sigma_\theta$，$\sigma_3 = \sigma_l$ 有：

$$\sigma_\theta - \sigma_l = \sigma_s \tag{6.5.6}$$

将式（6.5.3）、式（6.5.5）、式（6.5.6）联立可得

$$\frac{\mathrm{d}\sigma_l}{\sigma_l \mu \cot\alpha + \sigma_s(1 + \mu\cot\alpha)} = \frac{\mathrm{d}r}{r} \tag{6.5.7}$$

令　　　　　　　　　　$\mu\cot\alpha = D$

将式（6.5.7）两边积分，得：

$$\frac{1}{D}\ln\left[D\sigma_l + \sigma_s(1 + D)\right] + C_1 = \ln r + C_2 \tag{6.5.8}$$

整理得：

$$D\sigma_l + \sigma_s(1 + D) = r^D \times \mathrm{e}^{(DC_2 - C_1)} \tag{6.5.9}$$

令 $\mathrm{e}^{(DC_2 - C_1)} = E$，则式（6.5.9）变为：

$$D\sigma_l + \sigma_s(1 + D) = r^D \times E \tag{6.5.10}$$

变径区出口边界条件有：当 $r = r_1$ 时，$\sigma_l = 0$，代入式（6.5.10）得：

$$E = \frac{\sigma_s(1 + D)}{r_1^D} \tag{6.5.11}$$

将式（6.5.11）代入式（6.5.10）化简整理得轴向应力计算式为：

$$\sigma_l = -\lambda\sigma_s\left[1 - \left(\frac{r}{r_1}\right)^D\right] \tag{6.5.12}$$

式中，$\lambda = \dfrac{1+D}{D}$ 。

将式（6.5.12）、式（6.5.5）、式（6.5.6）联立得：

$$\sigma_r = \sigma_s \frac{t}{r} \cos\alpha \left\{ 1 - \lambda \left[1 - \left(\frac{r}{r_1} \right)^D \right] \right\} \qquad (6.5.13)$$

膨胀椎体膨胀力 F 包括两部分：一部分为进入变径区所需的推力 F_1，另一部分为克服变径区摩擦力所需推力 F_2，则

$$A_1 = \frac{\pi}{4} \left(r_2^2 - r_1^2 \right) \qquad (6.5.14)$$

$$F_1 = \sigma_l A_1 \cos\alpha = 0.25\pi \left(r_2^2 - r_1^2 \right) \lambda \sigma_s \cos\alpha \left[1 - \left(\frac{r}{r_1} \right)^D \right] \qquad (6.5.15)$$

$$A_2 = \pi (r_1 + r_2) h \qquad (6.5.16)$$

$$F_2 = \mu \sigma_r A_2 = \pi \frac{(r_1 + r_2)}{r} ht\mu\sigma_s \cos\alpha \left\{ 1 - \lambda \left[1 - \left(\frac{r}{r_1} \right)^D \right] \right\} \qquad (6.5.17)$$

式中，r_1 为膨胀管膨胀前的半径；r_2 为膨胀管膨胀后的半径；A_1 为膨胀管膨胀面积；A_2 为变径区表面面积。

由于 F_2 里有等相关参数，由于 μ 和 t 较小，μ 和 t 乘积以后，F_2 和 F_1 不在同一数量级，故 F_2 相对于 F_1 比较小，F_2 可以忽略不计。

故膨胀椎体膨胀力 F 为：

$$F = 0.25\pi \left(r_2^2 - r_1^2 \right) \lambda \sigma_s \cos\alpha \left[1 - \left(\frac{r}{r_1} \right)^D \right] \qquad (6.5.18)$$

令胀裂管膨胀率 $\dfrac{r}{r_1} = \omega$ ，则式（6.5.18）变为：

$$F = 0.25\pi \left(r_2^2 - r_1^2 \right) \lambda \sigma_s \cos\alpha \left(1 - \omega^D \right) \qquad (6.5.19)$$

6.5.2 膨胀管扩径因子的引入

式（6.5.19）为膨胀管膨胀力计算模型，从式（6.5.19）可以看出，膨胀力计算模型与若干因素有关，通过此模型计算膨胀力较为复杂，不利于计算，为此引入扩径因子 ，k 为膨胀推力 F 与Mises等效力 F_3 的比值，Mises等效应力记为 $\sigma_。$，则

$$\sigma_。 = \sigma_s \tag{6.5.20}$$

Mises等效力 F_3 为：

$$F_3 = \sigma_。 A_1 = 0.25\pi\left(r_2^2 - r_1^2\right)\sigma_s \tag{6.5.21}$$

则扩径因子 k 为：

$$k = \frac{F_1}{F_3} = -\lambda\cos\alpha\left(1-\omega^D\right) \tag{6.5.22}$$

从式（6.2.19）可以看出，扩径因子 k 与胀裂管膨胀率 ω、膨胀锥角 α、摩擦系数 μ 有关，膨胀力理论模型简化为：

$$F = kF_3 \tag{6.5.23}$$

6.6 结 论

膨胀力的理论值与试验值较为一致，证明了膨胀力理论计算模型的正确性。扩径因子的引入，可以使膨胀力的解析式计算简化。膨胀力理论计算模

型为膨胀工具的设计提供理论支持。

参考文献

[1] 朱海波，余增硕，唐成磊，等.膨胀管膨胀参数优化和膨胀模拟[J].西安交通大学学报，2012，46（1）：103–107.

[2] 于洋，周伟，刘晓民，等.实体膨胀管的膨胀力有限元数值模拟及其应用[J].石油钻探技术，2013，41（5）：107–110.

[3] 白强，刘强，李德君，等.实体膨胀管膨胀过程的力学性能变化试验[J].塑性工程学报，2015，22（1）：143–146.

[4] 胡念军，林大为.圆管扩径过程的变形分析[J].塑性工程学报，2006，13（3）：52–55.

[5] 刘强，田峰，宋生印.润滑脂对膨胀管材料摩擦性能的影响[J].润滑与密封，2015，40（9）：142–146.

[6] 高向前，李益良，李涛，等.膨胀管膨胀压力及承压能力分析[J]. 石油机械，2010，38（10）：33–35.

[7] 周志强，易建政，蔡军锋，等.炮孔堵塞物的作用及其研究进展 [J].爆破器材，2009，38（5）：29–33.

[8] 王全宾，高昆，强琳，等.基于不同材料模型的膨胀管有限元分析 [J]. 石油矿场机械，2016，45（2）：54–57.

[9] 姚津，何继宁，任钦贵，等.15CrMo实体膨胀管最优锥角有限元分析[J].石油矿场机械，2014，43（1）：25–29.

[10] 秦国明，何东升，张丽萍，等.基于ANSYS /LS–DYNA的实体膨胀管膨胀力分析[J]. 石油矿场机械，2009，38（8）：9–12.

[11] 郭慧娟，杨庆榜，徐丙贵，等.实体膨胀管数值模拟及膨胀锥锥角优化设计[J].石油机械，2010，38（7）：30–32.

[12] 张建, 肖刚, 孙骞, 等.实体膨胀管膨胀过程数值模拟及结构优化[J]. 石油矿场机械, 2011, 40 (5): 67–70.

[13] 蔡锦达, 程曦, 付翔, 等.锥形模机械扩径力计算与主要影响因素分析[J]. 中国机械工程, 2010, 21 (5): 599–602.

[14] 郭宝锋, 聂绍珉, 金淼.扩径力与扩径行程的主要影响因素和计算方法.塑性工程学报, 2002, 9 (3): 31–34.

[15] 付胜利, 高德利.可膨胀管膨胀过程三维有限元数值模拟[J].西安石油大学学报 (自然科学版), 2006, 21 (1): 54–57.

[16] 练章华, 刘永刚, 孟英峰, 等.膨胀套管力学研究[J].天然气工业, 2004, 24 (9): 54–56.

[17] 林元华, 张建兵, 施太和, 等.计算膨胀管膨胀力的新方程[J].西南石油大学学报, 2007, 29 (2): 154–156.

[18] 付胜利, 高德利, 李志钢.用工程法求解可膨胀管塑性变形力[J].天然气工业, 2005, 25 (11): 69–71.

[19] 尹虎, 李黔, 李林涛.实体膨胀管膨胀推力理论模型研究[J].钻采工艺, 2011, 34 (4): 59–62.

[20] 赵凯, 宋刚.可膨胀管技术实验方法与仿真分析[J].探矿工程, 2013, 40 (1): 45–48.

[21] 张艳军.实体膨胀管的膨胀力理论计算及实验分析[J].机床与液压, 2019, 47 (11): 108–111.

第7章

力学在矿业工程中的应用

7.1 研究背景

随着采煤工业化的发展，大规模综采已经成为现代煤炭行业发展的一个趋势，而大规模综采必须以采煤机为基础[1]。针对大同矿区"煤层硬，顶板硬"、6 m以上特厚煤层储量丰富的特点，大采高电牵引滚筒采煤机随之研制开发[2]。采煤机的功能越来越多，其自身的组成越来越复杂，采煤机截割部的工作环境恶劣，受力较为复杂，因而发生故障的原因也随之复杂，如摇臂表面出现裂纹、截齿发生断裂等诸多问题。

为此，验证该采煤机截割部关键零部件的安全性和可靠性至关重要。虚拟样机技术是近些年来设计与分析产品的一项新技术，采用有限元分析的方法来分析采煤机截割部关键零部件的可靠性与安全性，是对采煤机截割部关键零部件设计和工业性试验的一个重要补充，可以通过较少的代价获取设计和分析的理论依据。

7.2 采煤机滚筒的有限元分析

采煤机的滚筒安装在摇臂上，滚筒设置有若干截齿，由于井下煤层工作环境恶劣，在割煤的过程中，滚筒受到连续不断的冲击和振动，容易引起采煤机的故障，甚至会影响生产进度和安全，造成煤矿的经济损失，因此对滚筒具有较高的要求：（1）具有足够的强度，能够适应不同硬度煤层的割煤环境；（2）滚筒的螺旋叶片几何角度合理，具有良好的截煤和放煤能力；（3）安装简单，维修方便。为了提高采煤机的工作效率，延长采煤机的使用寿命，接下来对采煤机滚筒的强度进行分析。

先用SOLIDWORKS建模，如图7-1所示。

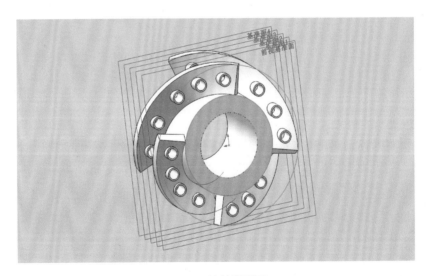

图7-1 滚筒模型图

将采煤机滚筒模型以igs格式导入ANSYS建模界面，一般滚筒所使用的材料为结构钢，其弹性模量设为200 GPa，泊松比设为0.3。然后进行网格划分，单元尺寸约设为123 mm，如图7-2所示。

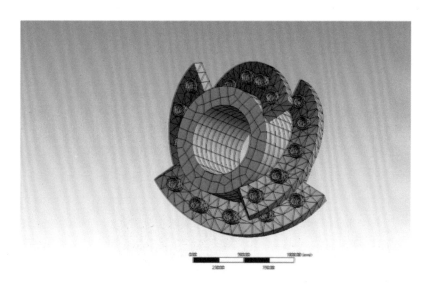

图7-2　第一次网格划分图

为了使计算的数据更精确，对滚筒进行网格二次划分，网格单元尺寸设为60 mm，如图7-3所示。

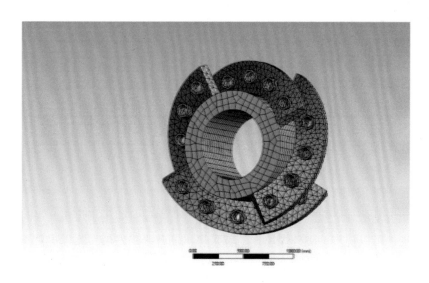

图7-3　第二次网格划分图

在采煤机滚筒的螺旋叶片上添加大小为33 kN的集中力，滚筒内圈设为固定约束，求解得到等效应力云图，如图7-4所示。

图7-4   滚筒等效应力云图

图7-4为采煤机滚筒的等效应力云图，从图中可以看出，滚筒的最大应力发生在滚筒的圆柱部分和螺旋叶片接触部位，是因为这里应力集中较为明显，最大应力为2.158 4 MPa，小于材料的屈服极限，满足强度要求。

7.3   采煤机截齿的有限元分析

截齿是采煤机截割部的重要组成部分，它主要是应用于煤炭开采时的挖掘煤炭，可以初步地破碎煤块，随着采煤机的升级与发展，截齿也被不断地设计、研究和发展出许多类型（如圆锥截齿、扁形截齿等），以便于适应不同硬度的煤层的开采或不同开采工作面。截齿在工作条件下直接作用于煤层，且截齿在挖掘煤炭时，是对煤炭的混合物（包括：煤炭、矸石、岩石等）进行挖掘，所以它受到的力是复杂和多变的。由于截齿受力的复杂与多变，截齿工作时可能产生失效现象。截齿失效的原因有耐磨性差、抗冲击能力低、硬度不足等。截齿的失效形式主要有磨损、崩刃、刀头断裂等。因为截齿在采煤工作中的重要性，所以研究抗冲击性能高、耐磨性能好、足够硬度与刚度的截齿是至关重要的。因此对截齿的结构要求有：（1）具有较强的硬度、较高的耐磨性和抗冲击性；（2）几何形状设计合理；（3）安装可靠，拆卸更换方便。一般截齿所使用的材料为结构钢，截齿材料参数如表7-1所示。

表7-1　截齿的材料参数

弹性模量E/GPa	泊松比γ
200	0.3

采用Solidworks软件建模，如图7-5所示。以igs格式导入ANSYS有限元分析软件，定义材料属性，相关参数如表7-1所示。

图7-5　截齿模型图

对截齿进行首次网格划分，如图7-6所示。

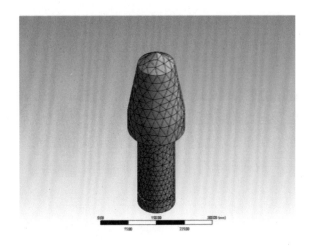

图7-6　第一次网格划分图

为了得到更真实情况的数据，进行二次网格划分，定义单元尺寸更小，如图7-7所示。

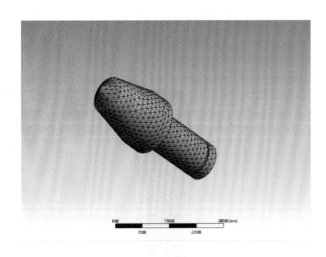

图7-7　网格划分图

加载和添加约束，如图7-8所示，采用集中力代替截齿复杂的受力，集中力是垂直于截齿顶面方向，载荷大小定义为33 kN，施加在截齿尖红色部位。将截齿底部圆柱面设为固定端约束。

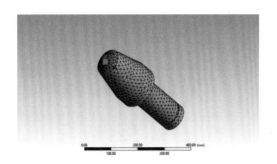

图7-8　截齿受力图

求解得到变形云图、等效弹性应变云图、等效应力云图分别如图7-9～图7-11所示。

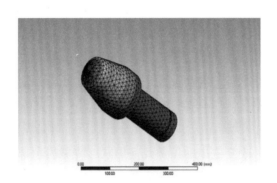

图7-9　截齿变形云图

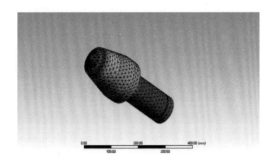

图7-10　截齿等效弹性应变云图

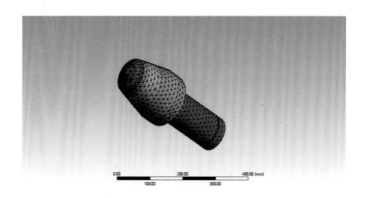

图7-11   截齿等效应力云图

从图7-9可以看出，采煤机截齿的最大变形出现在截齿顶部位置，所以截齿顶部几何形状的设计非常重要。从图7-10可以看出，采煤机截齿的最大弹性变形出现在截齿顶部和截齿顶部周围的部分，在截齿选用材料时，在这两个部分，因选择抗弯能力强、硬度大的材料。从图7-11可以看出，最大应力出现在截齿顶部，截齿顶部应力集中较为明显，截齿顶部应该选择耐磨的特殊材料。

通过上文中对采煤机截齿的有限元分析结果，对采煤机截齿提出两方面的改进方案：（1）改变截齿的顶部几何形状。将截齿顶部的尺寸适当缩小，截齿顶部圆柱适当加粗，增大受载面积；（2）改善材料，截齿的总变形与材料也有很大关系。选用42CrMo钢材作为截齿的材料，42CrMo钢材属于合金结构钢，这种钢材具有良好的机械性能，同时易于加工，在机械制造领域使用较为广泛。材料参数如表7-2所示。

表7-2   改进的截齿的材料参数

弹性模E/GPa	泊松比γ
212	0.28

对改进后的截齿进行有限元分析，图7-12为改进后采煤机截齿的三维模型图。

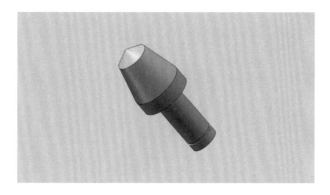

图7-12　改进后的截齿模型图

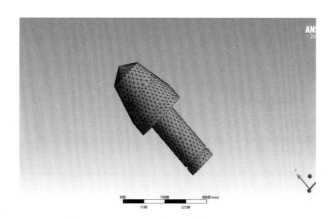

图7-13　网格划分图

　　首先，将改进后的采煤机截齿以igs格式导入ANSYS中，进行网格划分，在网格命令处进行尺寸调整，范围参数选择截齿整体，设置单元尺寸参数为15 mm，然后点击生成网格命令，如图7-13所示。

　　第二步，进入求解方案命令栏，运行算例，得到总变形云图、等效弹性应变云图、等效应力云图，分别如图7-14～图7-16所示。

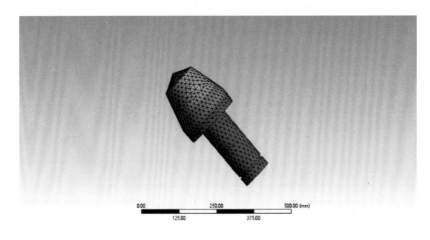

图7-14　截齿变形云图

　　图7-14为改进后的采煤机截齿的变形云图，得到有限元分析结果为：最大变形为2.4173×10^{-3} mm，采煤机截齿的最大变形较改进之前减小了25%，截齿的最大变形明显减小。

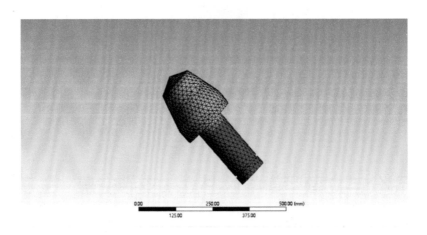

图7-15　截齿等效弹性应变云图

　　图7-15为改进后的采煤机截齿的等效弹性应变云图，得到有限元分析结果为：最大等效弹性应变为1.7451×10^{-5}，采煤机截齿改进后最大弹性变形较之前减少了25%，从图中观察到，改进方案效果明显。

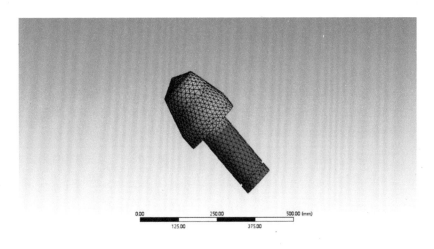

图7-16 截齿等效应力云图

图7-16为改进后的采煤机截齿的等效应力云图，得到有限元分析结果为：截齿的最大应力集中值为3.490 1 MPa。改进之后采煤机截齿的最大应力集中较之前降低了24%，极大地减少了采煤机截齿顶部的应力集中。采煤机截齿材料的改变，增加了截齿的抗磨性；通过对采煤机截齿几何形状的优化，起到了缓解应力集中的作用。

7.4 采煤机摇臂的模态分析

运用SOLIDWORKS软件对采煤机摇臂建立三维实体模型，如图7-17所示。然后采用自由网格进行网格划分，由于采煤机摇臂模型比较大，为了提高计算效率，采用高配置计算机，对于网格尺寸比较大的部位，进行网格细化，使得网格划分合理。得到摇臂的四面体单元网格划分如图7-18所示。

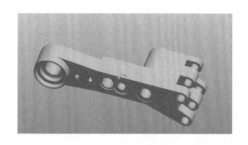

图7-17　摇臂三维模型　　　　　　图7-18　摇臂壳体网格划分

　　模态分析是研究物体结构在力学特点上的方法，体现在对振动研究内容上。模态是物体的自振自然属性，模态具有特有的自然频率和振型。模型的模态分析分为约束模态分析和自由模态分析。约束模态不需要对模型约束，自由模态分析需要对模型约束。模态分析可以得出实体在工作情况下不同阶段的振型或者变形的力度及变形的方向，更有利于研究实体的工作情况。自由模态分析不加约束条件，得到的是物体自身固有属性。约束模态分析是在受约束的状态下，结构的固有频率和振型发生改变，所以约束模态分析能够反映物体的真实工况下振动及变形情况。

　　将摇臂模型导入ANSYS后需要进行前期处理，但不施加任何载荷。摇臂壳体在约束模态分析下的1至6阶的振型图如图7-19所示。

　　通过模型的约束模态分析图可以知道，在1阶中摇臂壳体沿着Z轴正方向发生弯曲变形，发生在摇臂壳体行星部位的歪曲变形比较大；在2阶中摇臂壳体沿着Y轴方向发生弯曲变形，摇臂的行星端部的歪曲变形比较大；在3阶中摇臂壳体沿着X轴正方向发生扭转变形，摇臂行星部位扭转变形比较大；在4阶中摇臂壳体沿着Y轴方向发生扭转变形，摇臂行星端部变形比较大；在5阶中摇臂壳体沿着Z轴方向发生扭转变形，摇臂电机的端部变形比较大；在6阶中摇臂壳体沿着X轴方向发生歪曲变形，摇臂行星端部变形比较大。通常上来说，对物体模型的模态分析中，前几阶的振型对研究物体的固有频率有意义。根据上述的描述及摇臂壳体的1至6阶的振型图可知，当摇臂壳体在实际的工作情况下，所产生的工作频率应当与摇臂壳体的固有频率保持不同，以免发生共振等现象，让摇臂壳体发生变形或者断裂，影响摇臂壳体的使用寿命及工作相率。

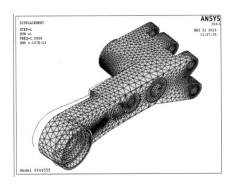
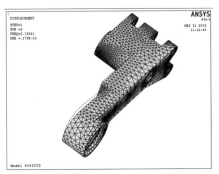

1 阶 2 阶

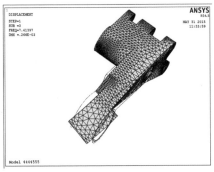
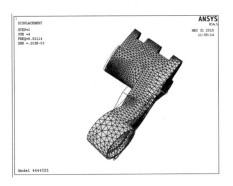

3 阶 4 阶

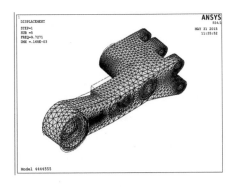

5 阶 6 阶

图7-19　1至6阶的振型图

综上可知，摇臂工作时应该避免自身固有频率与工作频率相似或相同，同时保证有足够的刚度及硬度。

7.5　结论

采用虚拟仿真技术，对采煤机截割部关键零部件滚筒进行有限元分析，得到滚筒的应力云图，结果显示滚筒是满足强度要求的。通过对采煤机截齿几何形状进行有限元优化分析，结果表明，最大应力、最大等效弹性应变、最大变形都有明显的降低。截齿几何形状的改变对应力集中起到了缓和的作用。

参考文献

[1] 廉自生，刘楷安.采煤机摇臂虚拟样机及其动力学分析[J].煤炭学报，2005（6）：803–804.

[2] 杨涛.大采高电牵引采煤机截割部虚拟样机技术及关键零件的结构有限元分析[D].太原：太原理工大学，2009.5.

[3] 赵丽娟，刘旭南，吕铁亮.基于虚拟样机技术的采煤机截割部可靠性研究[J].广西大学学报，2010（5）：738–746.

[4] 邵俊杰.采煤机数字化建模与关键零部件有限元分析[D].西安：西安科技大学，2009.4.

[5] 刘送永.采煤机滚筒截割性能及截割系统动力学研究[D].西安：西安科技

大学博士学位论文，2009.12

[6] 纪玉祥，张志鸿.基于虚拟样机技术的采煤机仿真[J].现代制造工程，2008
（3）：47–49.

[7] 吴卫东，安兴伟.基于ANSYS的采煤机摇臂的有限元分析[J].煤矿机械，
2009（3）：77–79.

[8] 周娟利.采煤机截割部动力学仿真[D].西安：西安科技大学，2009.6.

[9] 雷美荣，张艳军.采煤机截割部关键零件有限元优化设计[J].山西大同大学
学报（自然科学版），2016，32（2）：57–60.

8.1　研究背景

　　航空结构件常常处在复杂的多轴循环作用下，即使在单轴载荷的条件下，由于其结构的几何形状比较复杂，局部仍可能为多轴应力应变状态，因此多轴疲劳失效是航空结构件失效的一种主要形式。目前在众多多轴疲劳研究方法中，基于损伤力学的非线性疲劳损伤累积模型和临界面法是应用比较普遍和有效的两种方法[1-5]。临界平面方法认为疲劳失效发生在某一特定平面，疲劳寿命的预估和损伤的分析都是基于该特定平面进行，由于其基于断裂模型和裂纹萌生机理，所以具有一定的物理意义。Kachanov L M[6]认为零构件在承受载荷的过程中就是一个损伤不断产生的过程，损伤经常表现在伴随着大量塑性变形而发生的微裂纹形成和扩展。损伤力学从数学的角度引入了描述损伤的损伤变量，并将其应用到结构分析中去，借助于提出的有效应力的概念，能很好地建立和模拟疲劳寿命的预估模型。临界面法在预估多轴疲劳寿命时考虑了疲劳断裂的物理意义，Brown M W与MillerrK J[7]认为，最大剪切平面上的循环剪应变有助于裂纹成核，而法向正应变有助于裂纹的扩展。

本章基于损伤力学和临界面法提出了一个新的多轴非线性疲劳损伤累积模型，该模型结合以上两种方法的优点，更有效地预估多轴疲劳的寿命。该模型的核心是将最大切应变所在的平面定义为临界面，考虑非比例加载下相位差对疲劳寿命的影响，提出一个新的损伤参量定义方法，并用新的损伤参量代替单轴非线性损伤演化方程的损伤参量。本章针对3种材料的拉扭薄壁圆管疲劳试验进行对比，试验结果表明，该方法很好地预估了多轴加载下的疲劳寿命。该方法的优点是只需利用单轴疲劳数据就可以预估多轴疲劳寿命，可以避免进行代价较高且复杂的多轴疲劳试验，在工程中有一定的实用性。

8.2　单轴非线性疲劳损伤模型

用损伤理论分析材料及构件受力后的力学状态时，首先要选择恰当的损伤变量以描述其损伤状态。Kachanov[8]认为材料劣化的主要机制是由于缺陷的产生导致有效承载面积的减少，提出用损伤度D来描述材料的损伤。

损伤是随着载荷循环不断累积的过程，因此在疲劳损伤理论中，损伤常常表示为载荷循环次数的函数。一般情况下，疲劳损伤模型可以表示为如下形式[9-10]

$$dD = f(...)dN \tag{8.2.1}$$

函数$f(...)$中的变量可以是应力、应变、损伤变量D等，同时为了描述非线性损伤累积和加载顺序效应，$f(...)$要求加载参数与损伤变量之间具有不可分离性。

材料或者构件的损伤演化是一种不可逆的热力学过程。Lemaitre等提出

用下式来描述疲劳损伤模型[11-12]

$$dD = (1-D)^{-p} \left[\frac{\sigma_{max} - \sigma_m}{M(\sigma_m)(1-D)} \right]^{\beta} dN \qquad (8.2.2)$$

其中，$M(\sigma_m)$ 是一个与 σ_m 有关的函数；σ_{max} 是最大应力幅；σ_m 表示平均应力；p 和 β 是与加载形式和材料常数有关的参数。

当 $D=0$（材料未损伤）时，$N=0$；当 $D=1$（材料表面出现规定长度裂纹或者断裂）时，$N=N_f$，对式（8.1.2）积分得

$$N_f = \frac{1}{1+p+\beta} \left[\frac{\sigma_{max} - \sigma_m}{M(\sigma_m)} \right]^{-\beta} \qquad (8.2.3)$$

$$D = 1 - \left(1 - \frac{N}{N_f} \right)^{\frac{1}{1+p+\beta}} \qquad (8.2.4)$$

其中，$\sigma_{max} - \sigma_m = \Delta\sigma/2$；$M(\sigma_m) = M_0(1-b\sigma_m)$；$N$ 为实际循环次数；N_f 为疲劳寿命。

本章主要研究对称恒幅载荷作用的疲劳损伤问题，不考虑平均应力的影响，因此，式（8.1.3）可以表示为如下形式

$$N_f = \frac{M_0^{\beta}}{1+p+\beta} \left(\frac{\Delta\sigma}{2} \right)^{-\beta} \qquad (8.2.5)$$

从上式可以看出，单轴加载下疲劳损伤模型的主要参量为 $\frac{\Delta\sigma}{2}$。根据应变硬化定律

$$\frac{\Delta\sigma}{2} = K \left(\frac{\Delta\varepsilon_p}{2} \right)^n \qquad (8.2.6)$$

其中，K，n 为材料常数；$\frac{\Delta\varepsilon_p}{2}$ 为塑性应变幅。由式（8.2.5）和式（8.2.6）可以得

$$N_f = \rho \left[K \left(\Delta \varepsilon_p / 2 \right)^n \right]^{-\beta} \tag{8.2.7}$$

其中，$\rho = \dfrac{M_0^{\,\beta}}{1 + p + \beta}$。

式（8.2.7）即是单轴对称恒幅加载条件下的疲劳损伤模型，式中的参数 ρ 和 β 可以通过单轴疲劳数据拟合得到。

8.3 基于临界面法多轴损伤模型

8.3.1 临界面的确定

多轴疲劳试验一般选用薄壁管试样，当试样的壁厚相对于其外径较小时，我们可以认为材料发生损伤的最严重平面总是与自由表面垂直。因此，在分析其应力应变关系时，所考察的平面与自由表面相垂直[113]。

在多轴加载条件下，试件表面一般会出现较大的塑性变形，此时材料进入弹塑性阶段，在计算其应力应变状态时弹性泊松比 ν_e 已不适用。因此本节在分析应力应变状态时以弹塑性泊松比 ν_{eq} 代替弹性泊松比，弹塑性泊松比定义为

$$\nu_{eq} = \frac{\nu_e \Delta \varepsilon_e + \nu_p \Delta \varepsilon_p}{\Delta \varepsilon_e + \Delta \varepsilon_p} \tag{8.3.1}$$

其中，ν_e 和 ν_p 分别为弹性泊松比和塑性泊松比，$\Delta \varepsilon_e$ 和 $\Delta \varepsilon_p$ 为弹性应变幅和塑性应变幅。因此拉-扭加载下应变状态可以用下式来表示：

$$\boldsymbol{\varepsilon} = \begin{bmatrix} \varepsilon_x & \gamma_{xy}/2 & 0 \\ \gamma_{xy}/2 & -\nu_{eq}\varepsilon_x & 0 \\ 0 & 0 & -\nu_{eq}\varepsilon_x \end{bmatrix} \tag{8.3.2}$$

对于正弦波加载的情况：

$$\varepsilon_x = \varepsilon_a \sin \omega t \tag{8.3.3}$$

$$\gamma_{xy} = \lambda \varepsilon_a \sin(\omega t - \varphi) \tag{8.3.4}$$

其中，φ 为相位差；ε_a 为轴向加载的应变幅；λ 为切向应变幅与轴向应变幅的比值。

文献[14]中给出了临界面的确定方法，在与试件轴线方向成 θ 角的平面上的切应变和法向正应变可以表示为：

$$\gamma_{\max}(t) = \frac{1}{2}\varepsilon_a \left\{ \left[\lambda \cos 2\theta \cos \varphi - (1+\nu_{eq})\sin 2\theta \right]^2 + (\lambda \cos 2\theta \sin \varphi)^2 \right\}^{1/2} \sin(\omega t + \eta) \tag{8.3.5}$$

$$\varepsilon_n(t) = \frac{1}{4}\varepsilon_a \left\{ \left[2(1+\nu_{eq})\lambda \cos^2\theta + \lambda \sin 2\theta \cos \varphi - 2\nu_{eq} \right]^2 + (\lambda \sin 2\theta \sin \varphi)^2 \right\}^{1/2} \sin(\omega t - \xi) \tag{8.3.6}$$

其中，

$$\tan \xi = \frac{\lambda \sin 2\theta \sin \varphi}{1 - \nu_{eq} + (1+\nu_{eq})\cos 2\theta + \lambda \sin 2\theta \cos \varphi}$$

$$\tan \eta = \frac{\lambda \sin 2\theta \sin \varphi}{\lambda \cos 2\theta \cos \varphi - (1+\nu_{eq})\sin 2\theta}$$

由式（8.3.5）、式（8.3.6）知 $\gamma_{\max}$ 和 ε_n 的相位差为 $\xi + \eta$，其范围为 $(-90°, -90°)$。且当 $\sin(\omega t + \eta) = 1$ 时，$\gamma_{\max}$ 可以取到最大值，其值为：

$$\gamma_{\max} = \varepsilon_a \left\{ \left[\lambda \cos 2\theta \cos \varphi - (1+\nu_{eq})\sin 2\theta \right]^2 + (\lambda \cos 2\theta \sin \varphi)^2 \right\}^{1/2} \tag{8.3.7}$$

由于临界面上的最大剪应变是极大值的其中一个，因此有

$$\frac{\partial \gamma_{\max}}{\partial \theta} = 0 \qquad （8.3.8）$$

由式（8.3.7）、式（8.3.8）可以得到

$$\tan 4\theta = \frac{2\lambda\left(1+\nu_{eq}\right)\cos\varphi}{\left(1+\nu_{eq}\right)^2 - \lambda^2} \qquad （8.3.9）$$

将已知的 ν_{eq}、φ 和 λ 代入上式，可以求出 θ 值。由结果可知，在（$-90°$，$-90°$）范围内使 $\gamma_{\max}$ 取极值的 θ 有4个，其中两个 θ 值（θ_1，θ_2）使 $\gamma_{\max}$ 取到极大值。将 θ_1、θ_2 分别代入到式（8.3.6）中得到各自的法向应变幅值 ε_{θ_1}、ε_{θ_2}。临界面定义为具有较大法向应变幅所在的剪切平面，因此临界面上法向应变幅取二者的较大值

$$\varepsilon_\theta = \max(\varepsilon_{\theta_1}, \varepsilon_{\theta_2}) \qquad （8.3.10）$$

利用式（8.3.7）~式（8.3.10）就可以确定临界面与试件轴向方向所在的临界角以及临界面上的最大剪应变和法向正应变。

8.3.2　基于临界面法的多轴非线性疲劳损伤模型

从微观角度来讲，疲劳裂纹的形成阶段主要发生于滑移带的局部塑性区，疲劳裂纹生长是裂纹尖端剪切带的聚合过程，裂纹面上的法向应变可以加剧这个过程，促进裂纹的生长，因此裂纹面上的切应变和法向正应变对裂纹的形成和扩展都有重要的作用[15]。因此在构造临界面上的损伤参量时要考虑这两个因素的影响，已有的试验表明，在多轴加载下，裂纹形成初期是沿着最大剪应变方向形成，随后近似地沿着法向应变方向扩展[16]。尚德广等[17]

基于von Mises准则，将临界面上的等效应变表示为

$$\varepsilon_{eq}/2 = \left[\varepsilon_{\theta}{}^2 + \frac{1}{3}\left(\frac{\gamma_{max}}{2}\right)^2\right]^{1/2} \tag{8.3.11}$$

其中，γ_{max} 是最大剪切应变幅，可以利用式（8.3.7）计算；ε_{θ} 是临界面上法向应变程，可以利用式（8.3.10）求出。

文献[15]认为利用式（8.3.11）作为损伤参量不能完全反映非比例载荷下的附加强化现象，并引入了一个新的应力相关因子，该因子考虑了临界面法向应力的影响，因为它可以反映多轴疲劳寿命随着载荷间相位差增大而减小的事实。

本书作者认为在考虑损伤参量的参数时，式（8.3.11）考虑了临界面上法向正应变对裂纹扩展的影响，并且从物理意义上能很好地反映其对裂纹扩展的影响。本书基于文献[18]中的试验数据进行分析，结果如图8-1所示。

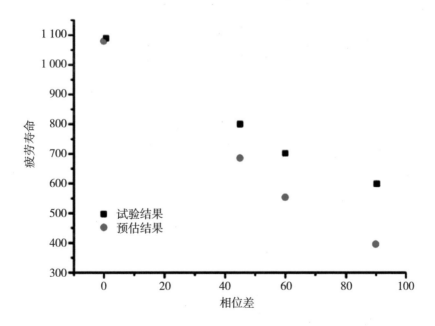

图8-1　相位差对疲劳寿命的影响

图8-1中试验数据的加载条件除了相位差外均相同，预估值是利用式（8.3.11）作为损伤参量并结合式（8.1.7）预估的多轴疲劳寿命。从图8-1中可以看出，在φ=0即比例加载时其与试验数值基本吻合，而在非比例加载下其误差随着相位差的增大而加大。利用非线性疲劳损伤模型和临界面法预估多轴疲劳寿命时需要对式（8.3.11）定义的损伤参量进行修正。由文献[18-20]中的试验数据也可以发现多轴疲劳寿命随着相位差的增大而减小，因此在损伤参量确定时需要考虑相位差的影响，相位差能够反映附加强化的现象。本章在式（8.3.11）的基础上，考虑加入一个非比例因子μ，该因子考虑相位差对非比例载荷作用下疲劳寿命的影响，并定义$\mu=1+\left(\dfrac{\sin\varphi}{2}\right)^2$，可以看出，$\mu$可以更好地反映多轴疲劳寿命随着载荷间相位差增大而减小的事实。

将μ和式（8.3.11）结合组成新的损伤参量

$$\overline{\varepsilon_{eq}/2}=\left[1+\left(\frac{\sin\varphi}{2}\right)^2\right]\left[\varepsilon_{\theta p}{}^2+\frac{1}{3}\left(\frac{\gamma_{\max,\mathrm{p}}}{2}\right)^2\right]^{1/2} \qquad （8.3.12）$$

式中，$\varepsilon_{\theta p}$是临界面上法向应幅的塑性应变部分，可以由已知的ε_θ、材料弹性模量和屈服强度计算；$\gamma_{\max,\mathrm{p}}$是最大剪切应变幅的塑形应变部分，可以由已知的$\gamma_{\max}$、材料弹性模量和屈服强度计算。

将新的损伤参量代入式（8.2.7）可以得到

$$N_f=\rho\left[K\left(\overline{\varepsilon_{eq}/2}\right)^n\right]^{-\beta} \qquad （8.3.13）$$

式（8.3.13）即为本章提出的基于临界面法的多轴疲劳损伤模型。该模型已通过试验验证，较为合理。

8.4 结论

基于损伤力学和临界面法提出了多轴非线性疲劳损伤累积模型，将损伤力学与临界面结合预估多轴疲劳寿命能取得很好的效果。

参考文献

[1] FATEMI A，YANG L.Cumulative fatigue damage and life prediction theories：a survey of the state of the art for homogeneous materials[J].International Journal of Fatigue，1998，20（1）：9-34.

[2] DATTOMA V，GIANCANE S，NOBILE R，et al.Fatigue life prediction under variable loading based on a new non-linear continuum damage mechanics model[J]. International Journal of Fatigue，2006，28（2）：89-95.

[3] 华军，许庆余，张亚红.应用局部应力-应变法计算联轴器膜片疲劳寿命[J]. 工程力学，2000，17（4）：132-136.

[4] 侯政良，王东军，郭建平.基于临界面法的1CrMoV转子钢多轴疲劳寿命预测方法研究[J].机械强度，2013，35（1）：66-72

[5] 高阳，白广忱，张瑛莉.涡轮盘多轴低循环疲劳寿命可靠性分析[J].航空学报，2009，30（9）：1678-1682.

[6] KACHANOV L M. Rupture time under creep conditions[J]. Problems of Continuum Mechanics，1961：202-218.

[7] BROWN M W，MILLER K J.A theory for fatigue failure under multiaxial stress-strain conditions[J].Proceedings of the Institution of Mechanical engineers，1973，187（1）：745-755.

[8] 余寿文，冯西桥.损伤力学[M].北京：清华大学出版社，1997：59-62.

[9] 尚德广，姚卫星.单轴非线性连续疲劳损伤累积模型的研究[J]. 航空学报，1998，19（6）：647-656.

[10] LEMAITRE J.Continuous damage mechanics model for ductile fracture[J]. Transactions of the ASME. Journal of Engineering Materials and Technology，1985，107（1）：83-89.

[11] LEMAITRE J，CHABOCHE J L.Mechanics of solid materials[M]. Cambridge：Cambridge University Press，1994：642-643.

[12] CHABOCHE J L.Continuous damage mechanics—a tool to describe phenomena before crack initiation[J].Nuclear Engineering and Design，1981，64（2）：233-247.

[13] 尚德广，姚卫星.基于临界面法的多轴疲劳损伤参量的研究[J].航空学报，1999，20（4）：295-298.

[14] 李静，孙强，李春旺，等.一种新的多轴疲劳寿命预估方法[J].机械工程学报，2009，45（9）：285-290.

[15] 尚德广，王大康，李明.基于临界面法的缺口件多轴疲劳寿命预测[J].机械强度，2003，25（2）：212-214.

[16] GLINKA G，SHEN G，PLUMTREE A.A multiaxial fatigue strain energy density parameter related to the critical fracture plane[J].Fatigue & Fracture of Engineering Materials & Structures，1995，18（1）：37-46. .

[17] 尚德广，王德俊，姚卫星.多轴非线性连续疲劳损伤累积模型的研究[J].固体力学学报，1999，20（4）：325-330.

[18] 尚德广，王德俊.多轴疲劳强度[M].北京：科学出版社，2007：30-31.

[19] ITOH T，YANG T.Material dependence of multiaxial low cycle fatigue lives under non-proportional loading[J]. International Journal of Fatigue，2011，33（8）：1025-1031.

[20] FATEMI A，SOCIE D F.A Critical Plane Approach to Multiaxial Fatigue Damage Including out-of-Phase Loading[J]. Fatigue & Fracture of Engineering Materials & Structures，1988，11（3）：149-165.

[21] 张艳军，雷美荣，苏芳.一种预估拉-扭加载下疲劳寿命的新方法[J].机械强度，2018，40（4）：966-970.

第9章

力学在生活中的应用

9.1　溜溜球动力学模型构建

　　溜溜球又名悠悠球，起源于美国，是人类最古老的玩具之一，它现已成为风靡全球的大众化玩具[1]。溜溜球结构较为简单，如图9-1所示。它一般由一对薄片圆盘和一个圆柱状空心薄壁中轴组合而成[2, 3]，圆柱状空心薄壁中轴缠绕大约1 m多长的细绳，玩耍时，将细绳全部紧紧缠绕在中轴上，用手指紧抓细绳的自由端。当溜溜球释放后，它将由静止沿着逆绳缠绕方向滚动，在下降过程中溜溜球的滚动速度逐渐增大，到最低点时，即溜溜球竖直下降至绳子全部展开时，速度达到最大[4, 5]，由于惯性，溜溜球会自动顺着相反转动方向向上做滚动，滚动速度逐渐降低，到最高点时速度为零，在溜溜球上升过程中细绳重新缠绕在中轴上。这样下降、自转、再上升，循环往复。其实在这个过程当中，溜溜球的运动分为三个关键阶段，分别为：向下做平面运动阶段，转向定轴转动阶段，向上做平面运动阶段。

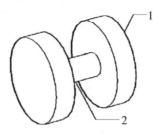

图9-1 溜溜球结构示意图

1—圆盘；2—中轴

9.1.1　基本假设

在建立力学模型之前先做一些基本假设：

（1）溜溜球运动过程中能量损失忽略不计。

（2）溜溜球上升、下降阶段角加速度为常量。

（3）溜溜球滚动转向运动阶段为匀速滚动。

（4）溜溜球上升、下降阶段质心运动为竖直方向的直线运动，忽略可能同时有横向运动的影响。

9.1.2　溜溜球下降阶段的动力学模型

假定溜溜球中轴的质量为 m_1，半径为 r，一个圆盘的质量为 m_2，半径为 R，溜溜球向下做平面运动，受力图如图9-2所示，溜溜球所受的拉力为 F_1，转动角速度为 ω，质心的加速度为 a_O。根据质点系质心运动定理，有

$$\left(m_1 + 2m_2\right)g - F_1 = \left(m_1 + 2m_2\right)a_O \tag{9.1.1}$$

根据相对于溜溜球质心的动量矩定理，有

$$J_O\alpha = F_1 r \tag{9.1.2}$$

α 为溜溜球下落时的角加速度，J_O 为溜溜球相对于质心 O 的转动惯量。

$$J_O = m_1 r^2 + 2\frac{m_2 R^2}{2} = m_1 r^2 + m_2 R^2 \tag{9.1.3}$$

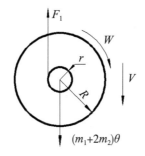

图9-2 溜溜球下降时的受力图

由于溜溜球做平面运动，故可以找出溜溜球做平面运动时的速度瞬心，即与细绳相切的那一点 C_1，则质心的速度为：

$$V_O = \omega r \tag{9.1.4}$$

质心的加速度为：

$$a_O = \alpha r \tag{9.1.5}$$

联立式（9.1.1）–式（9.1.5）得：

$$\alpha = \frac{(m_1 + 2m_2)gr}{J_O + (m_1 + 2m_2)r^2} \tag{9.1.6}$$

$$a_O = \frac{(m_1 + 2m_2)gr^2}{J_O + (m_1 + 2m_2)r^2} \quad\quad (9.1.7)$$

$$F_1 = \frac{J_O(m_1 + 2m_2)g}{(m_1 + 2m_2)r^2 + J_O} \quad\quad (9.1.8)$$

溜溜球下降时任意时刻的速度为：

$$v_O = a_O t = \frac{(m_1 + 2m_2)gr^2}{J_O + (m_1 + 2m_2)r^2}t \quad\quad (9.1.9)$$

溜溜球下降时任意时刻的转动的角速度为：

$$\omega = \frac{v_O}{r} = \frac{(m_1 + 2m_2)gr}{J_O + (m_1 + 2m_2)r^2}t \quad\quad (9.1.10)$$

当溜溜球的质心高度下落细绳全长 l 时，所需时间为：

$$t_1 = \sqrt{\frac{2l}{a_O}} = \sqrt{\frac{2l[J_O + (m_1 + 2m_2)r^2]}{(m_1 + 2m_2)gr^2}} \quad\quad (9.1.11)$$

此时溜溜球质心的速度达到最大为：

$$v_{O\max} = a_O t_1 = r\sqrt{\frac{2(m_1 + 2m_2)gl}{J_O + (m_1 + 2m_2)r^2}} \quad\quad (9.1.12)$$

溜溜球转动的角速度达到最大为：

$$\omega_{\max} = \frac{v_{O\max}}{r} = \sqrt{\frac{2(m_1 + 2m_2)gl}{J_O + (m_1 + 2m_2)r^2}} \quad\quad (9.1.13)$$

9.1.3　溜溜球滚动转向阶段的动力学模型

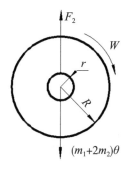

图9-3　溜溜球滚动转向时的受力图

溜溜球由下降转变为上升的过程中，受力图如图9-3所示，溜溜球做平面运动，这时，溜溜球的运动可以分解为绕质心的转动和随质心的平动，绕质心转动所转过的角度为π，所需的时间（非常短暂）为：

$$t_2 = \frac{\pi}{\omega_{\max}} = \pi \sqrt{\frac{J_O + (m_1 + 2m_2)r^2}{2(m_1 + 2m_2)gl}} \qquad (9.1.14)$$

溜溜球的质心速度沿着竖向方向有一个突变，在此可以运用质点系动量定理得：

$$\left[(m_1 + 2m_2)g - F_2\right]t_2 = (m_1 + 2m_2)(-v_{O\max} - v_{O\max}) \qquad (9.1.15)$$

求解式（9.1.15）得溜溜球滚动转向阶段细绳所受平均拉力：

$$F_2 = \frac{(m_1 + 2m_2)g}{\pi}\left[\frac{\pi}{4} + \frac{(m_1 + 2m_2)rl}{(m_1 + 2m_2)r^2 + J_O}\right] \qquad (9.1.16)$$

9.1.4　溜溜球上升阶段的动力学模型

溜溜球在上升过程中做平面运动，受力图如图9-4所示，同理，溜溜球在上升阶段和下降阶段的角加速度值、质心的加速度值、细绳的拉力值都相同。溜溜球的质心上升高度 l 所需的时间 t_3 和下降高度为 l 时所需的时间也相同。

溜溜球上升时任意时刻的速度为：

$$v_O = v_{O\max} - a_O t = r\sqrt{\frac{2(m_1+2m_2)gl}{J_O+(m_1+2m_2)r^2}} - \frac{(m_1+2m_2)gr^2}{J_O+(m_1+2m_2)r^2}t \qquad (9.1.17)$$

溜溜球上升时任意时刻的转动的角速度为：

$$\omega = \frac{v_O}{r} = \sqrt{\frac{2(m_1+2m_2)gl}{J_O+(m_1+2m_2)r^2}} - \frac{(m_1+2m_2)gr}{J_O+(m_1+2m_2)r^2}t \qquad (9.1.18)$$

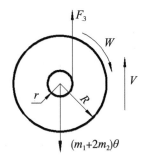

图9-4　溜溜球上升时的受力图

9.1.5 溜溜球在整个运动过程的动力学分析

根据前面计算结果，得到溜溜球在整个运动过程中质心速度随时间变化曲线、转动的角速度随时间变化曲线和细绳拉力随时间变化曲线，分别如图9-5、图9-6、图9-7所示，从图9-5、图9-6可以看出，溜溜球下降时质心的速度和转动的角速度随着时间不断地增大，溜溜球下降到最低点，即到t_1时刻，质心的速度和转动的角速度达到最大。接着开始匀速滚动，到t_1+t_2时刻，溜溜球开始转向上升，溜溜球上升时质心的速度和转动的角速度随着时间不断地减小，溜溜球上升到最大高度时，即到$t_1+t_2+t_3$时刻，质心的速度和转动的角速度为0。溜溜球上升阶段直线斜率和下降阶段直线斜率是相同的，因此溜溜球上升和下降阶段时的角加速是相同的，溜溜球上升和下降阶段时的质心加速度也是相同的。从图9-7可以看出，溜溜球上升阶段的拉力F_1和下降阶段细绳的拉力F_2是相同的，在溜溜球滚动转向阶段的拉力F_3比上升阶段的拉力F_1和下降阶段细绳的拉力F_2大一些。从式（9.1.8）和式（9.1.16）可以看出，溜溜球整个运动过程中的拉力和溜溜球的转动惯量、溜溜球的质量、转动半径等物理量有关，溜溜球的转动惯量越大细绳的拉力越大。但是实际中是有能量损失的，上升和下降阶段细绳的拉力是不一样的，如果考虑能量损失，溜溜球上升时的角加速度是小于下降时的角加速度的，因此溜溜球下降阶段细绳的拉力F_2实际上应该大于上升阶段的拉力F_1。溜溜球做上下滚动，由于存在阻力，每次溜溜球都不能上升到原来高度，如果在每次在溜溜球下降到最低点自转的时候，用手竖直向上去提溜溜球，相当于给溜溜球补充损失的动能，溜溜球则一般可回到初始高度。在玩耍时适时的上、下牵引细绳，把溜溜球每次损失的能量及时补上，可使溜溜球越滚越高[12]。从能量角度来看，溜溜球忽上忽下，重力势能转化为动能，再由动能转化为重力势能，如果不计能量损失的话，溜溜球机械能守恒。

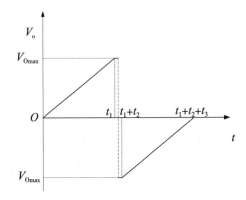

图9-5 溜溜球上升时质心的速度随时间变化

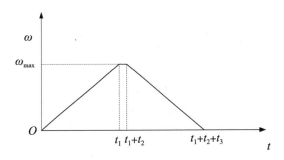

图9-6 溜溜球上升时转动的角速度随时间变化

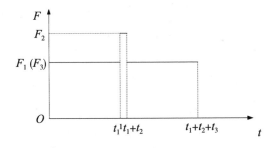

图9-7 溜溜球细绳拉力随时间变化

9.1.6 结论

该溜溜球力学模型只是在理想化即不计溜溜球能量损失的基础上建立起来的，对于考虑能量损失，该力学模型是不适用的。不过该力学模型可以作为理论力学——动力学部分的一个典型案例，有助于学生掌握动量矩定理、质心运动定理等知识点，为教学提供理论参考。

9.2 电动平衡车的力学建模

电动平衡车是肇始于国外的舶来品，最初的概念性平衡车是在1985年由日本科学家山藤一雄提出来的。到了2001年，有"美国当代爱迪生"美誉的迪恩·卡门推出了第一款可应用的两轮电动平衡车"赛格威"。中国的电动平衡车产业始于2008年北京奥运会，一经推出就吸引了广大年轻人的眼球。经过十多年的发展，电动平衡车已经成为都市街头常见的交通工具，昔日的"洋产品"，在我们的生活中扮演着越来越重要的角色。随着科技的不断进步以及人们环保意识的不断加强，电动车的数量与日俱增，人们越来越青睐于电动车的驾驶，如今，一种两轮电动平衡车悄然问世，如图9-8所示。电动平衡车又叫"智能平衡车""体感车""思维车"等，其运行主要是建立在一种被称为"动态稳定"的基本原理上，控制器根据倒立摆系统的工作原理，多数是在车体内部设置陀螺仪和加速度传感器来检测车体姿态的变化，并利用伺服控制系统精确地驱动电机进行相应调整，从而使车身维持在动态平衡状态。该类电动平衡车在街边、商场、小区逐渐流行起来，这种电动平衡车完全不同于摩托车和自行车的驾驶模式，采用两轮并排固定的驾驶模式，给人一种全新的驾驶体验，两轮电动平衡车大胆地采用两轮的方式支撑车体和驾驶员，充电蓄电池作为动力，由两个直流电刷电机驱动，采用多处理器，姿态感知系统，控制算法及车体机械装置协同控制车体的平衡，仅靠人体重心的改变，可以实现车体的启动、加速、减速和停止等动作。

图9-8　两轮电动平衡车实物图

9.2.1　人车自动保持直立稳定的力学模型的建立

人车结构示意图如图9-9所示，无人使用时，车体能在铅锤位置平衡是因为车体的质量主要集中在A点，对A点取矩时，由于车身部分质量较小，所产生的弯矩较小与静摩擦力对A点的力矩平衡。因此平衡车会自动保持稳定状态。

将左右两轮连同轮轴及电机简化为一个刚体，而将人与车身固接于底盘，简化为另一个刚体。这样，人行驶电动车是由人及车身C和车轮及电机A两个刚体组成的系统，其中人及车身C可绕轮轴A转动，由于其重心高于支点，因此相当于一个倒置的复摆，假设车体从静止开始作水平直线运动，以与地面的接触点B的初始位置为原点，x轴的正向沿车体的前进方向。设人及车身的质量为m_C，相对质心C的转动惯量为J_C；车轮及电机的质量为m_A，相对质心A的转动惯量为J_A，且A与C的距离为l。同时，设电机的驱动力矩为M，地面对车轮的滚动摩阻力矩为M_f，以及地面对车轮的法向约束力和切向摩擦力分别为F_s和F_N。

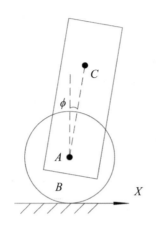

图9-9　人车结构示意图

对于人及车身的受力，如图9-10所示。

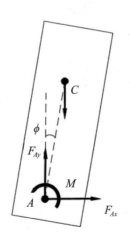

图9-10　人车整体受力图

根据相对于质心C的动量矩定理，有：

$$J_C\ddot{\varphi} = -M - F_{Ax}l\cos\varphi + F_{Ay}l\sin\varphi \qquad (9.2.1)$$

式中，φ为人及车身偏离铅垂位置的角度。

根据动量定理，有

$$F_{Ax} = m_C\ddot{x}, F_{Ay} = m_Cg \qquad (9.2.2)$$

将式（9.2.2）代入式（9.2.1）中，得到：

$$J_C\ddot{\varphi} = -M - m_C\ddot{x}l\cos\varphi + m_Cgl\sin\varphi \qquad (9.2.3)$$

对于电机和车轮，受力如图9-11所示。

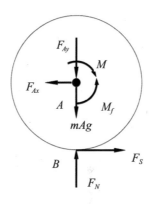

图9-11　电机和车轮受力图

设车轮A在地面上作纯滚动，角速度为ω，则有$\dot{x} = \omega R$，$\ddot{x} = \dot{\omega}R$。根据车轮相对于质心A的动量矩定理，有

$$J_A\frac{\ddot{x}}{R} = M - M_f - F_sR \qquad (9.2.4)$$

其中，滚动摩阻力矩 $M_f = \delta F_N$，δ 为滚动摩阻系数。

根据动量定理，有

$$F_s - F_{Ax} = m_A \ddot{x}, F_N = m_A g + F_{Ay} \tag{9.2.5}$$

由式（9.2.2）和式（9.2.5），可得

$$F_s = (m_A + m_C)\ddot{x}, F_N = (m_A + m_C)g \tag{9.2.6}$$

于是，式（9.2.4）又可写为

$$[\frac{J_A}{R} + (m_A + m_C)R]\ddot{x} = M - M_f \tag{9.2.7}$$

式（9.2.3）与式（9.2.7）即为人站在车上行驶时，车体能保持直立稳定的控制方程。

9.2.2 电动平衡车力学模型分析

下面分析当车轮匀速滚动、车体匀速直线前进时，建立电动平衡车力学模型。两轮电动车处于稳态运动时，则有 $\ddot{x} = 0$，此时令 $\varphi = \varphi_0$。于是，式（9.2.3）和式（9.2.7）变为

$$M_0 = m_C g l \sin\varphi_0, M_0 = M_f \tag{9.2.8}$$

于是，驱动力矩的稳态值和车体倾角的稳态值分别为

$$M_0 = M_f, \varphi_0 = \arcsin\frac{M_f}{m_C g l} \doteq \frac{M_f}{m_C g l} \tag{9.2.9}$$

一般情况下，由于滚动摩阻力矩 M_f 较小，因此所引起的前倾角 φ_0 并不大，但它表明人的稳态位置并非铅垂的。

由于两轮电动车只有一对左右车轮，不像具有前后轮的车那样做稳态运动时，外力矩由前后轮法向约束力的差异提供，从而实现加速或减速。根据式（9.2.8）可知，人的稳态位置向前倾斜，正是为了使所产生的重力矩成为克服摩阻力矩的外力矩，这样，驾车人通过前倾或后仰来实现两轮电动车的加速或减速。

9.2.3　结论

两轮电动平衡车靠驾驶员的重力矩克服阻力矩实现加速或减速。这样驾驶员通过前倾或后仰来完成两轮电动平衡车的加速或减速。

参考文献

[1] 刘延柱.太空中的悠悠球[J].力学与实践，2006，28（6）：93-94.

[2] 刘延柱.趣味刚体动力学[M].北京：高等教育出版社，2008.

[3] 周雨青，刘甦.机械能守恒演示中一个值得商榷的案例——"悠悠球"系统能量损失分析[J].大学物理，2011，31（8）：18-21.

[4] 刘燕，杨少红，胡明勇，等.以力学竞赛促进工程力学课程教学改革探讨[J].高等建筑教育，2016，25（2）：57-60.

[5] 王岱川.转动物体的动能和"溜溜球"的机械能守恒[J].物理通报，2016（9）：85-87.

[6] 陈鲁明.溜溜球的实验探究[J].教学仪器与实验，2006，22（6）：16-17.

[7] 张艳军，雷美荣，叶家根.基于趣味性和创新性的力学教学研究[J].中国现代教育装备，2021，（23）：129–131.

[8] 姜阔，张力伟，王华庆. 电动平衡车分类及标准要求简介[J].摩托车技术，2021（10）：41–43.

[9] 程东燚，郑刚强，易梓寒.基于感性工学的电动平衡车外观设计研究[J].艺术与设计（理论），2020（10）：51–53.

附录1
小口径深孔爆破仿真模拟计算流程

问题描述：数值模拟不同堵塞长度下的小口径深孔爆破应力云图、爆破损伤云图。模型为3 m×3 m的混凝土断面。炮孔直径0.04 m，深度1 m。卷装乳化炸药直径32 mm，长度355 mm，重量0.3 kg。黏土堵塞物直径40 mm，长度分别为0、200 mm和400 mm。

1.启动AUTODYN

双击 autodyn.exe，打开新的工程。

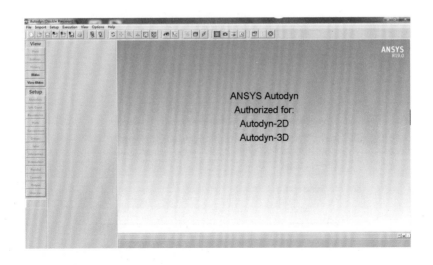

2.加载材料并修改材料

2.1 从材料库中选择以下4种材料

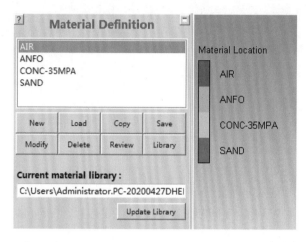

2.2 为炸药修改密度

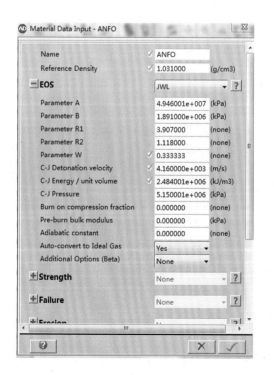

2.3　为岩石指定一种失效参数

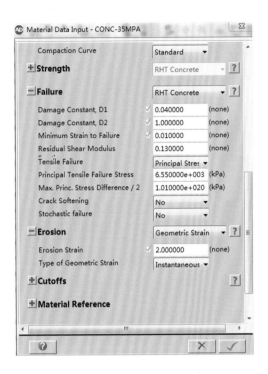

3.定义初始条件

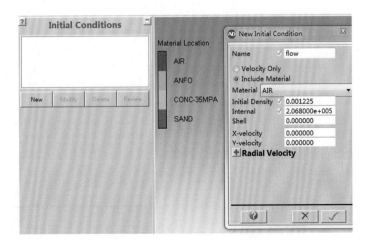

4.定义边界条件：定义空气边界条件

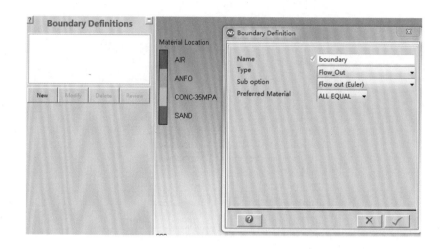

5.建模

5.1　建立混凝土模型

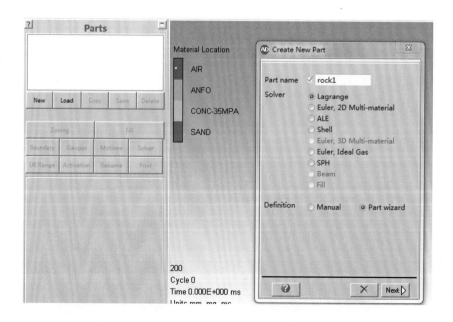

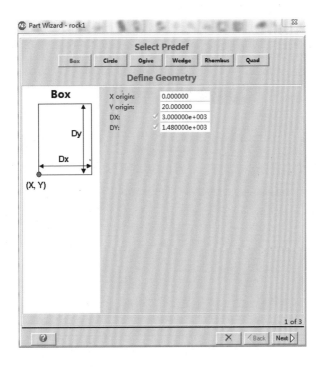

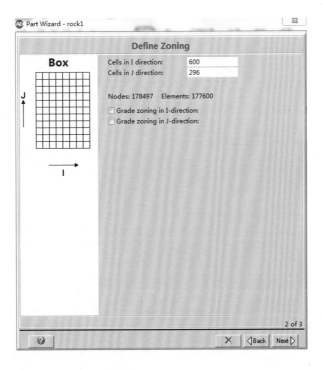

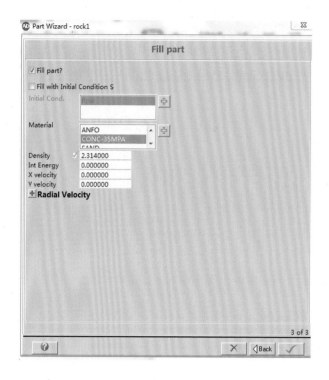

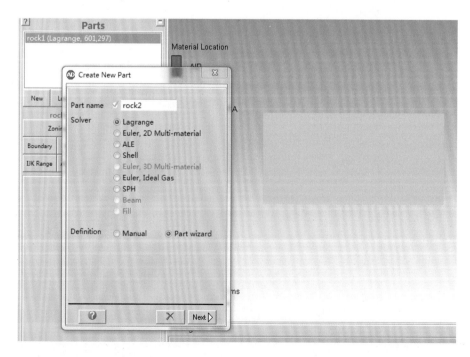

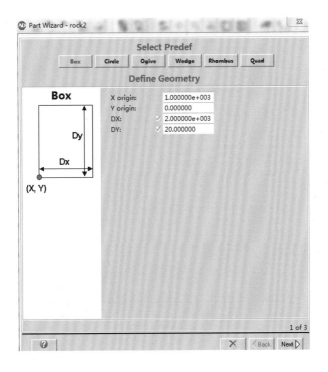

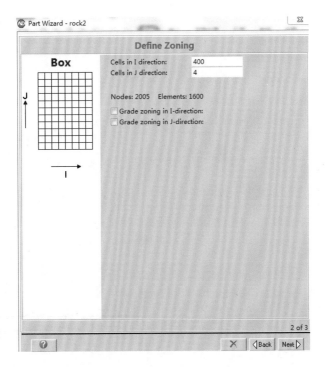

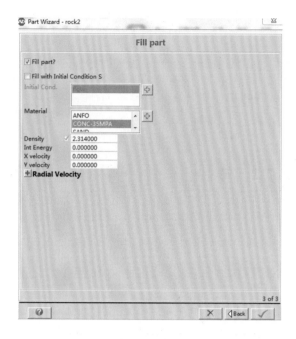

5.2　建立黏土模型

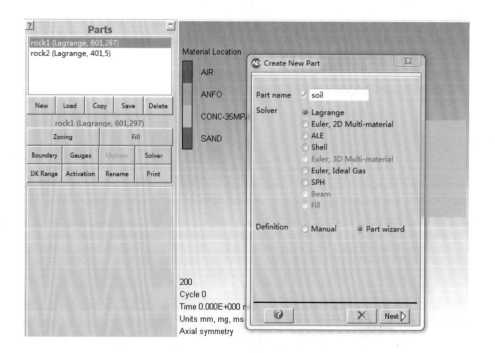

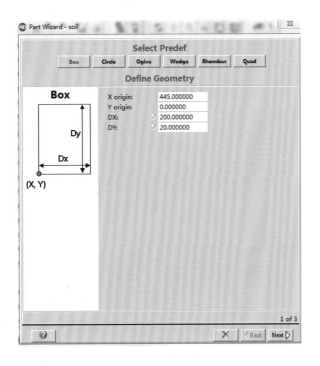

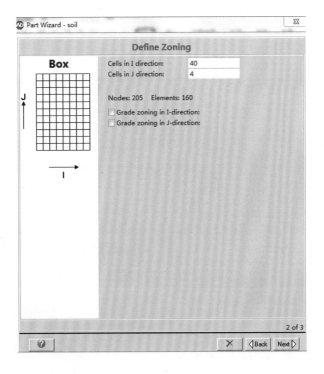

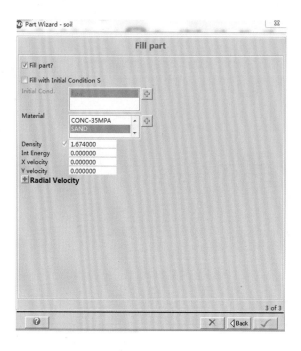

6.连接

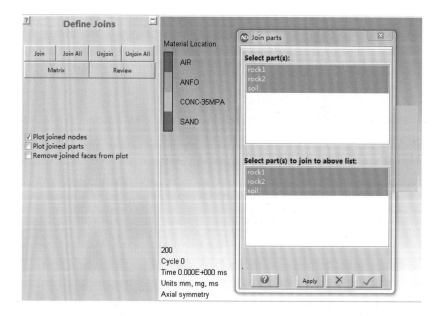

7.交互

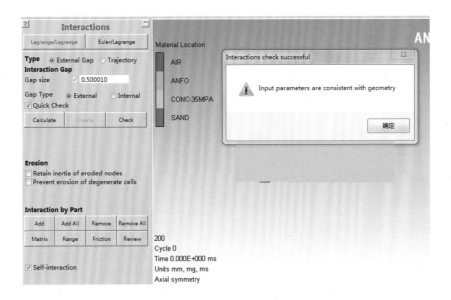

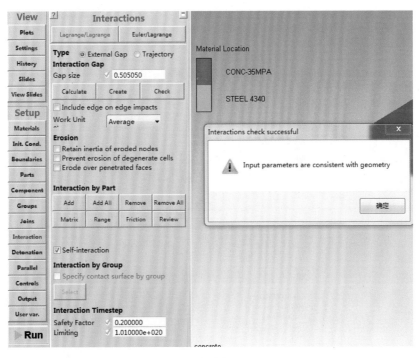

8.建立空气模型

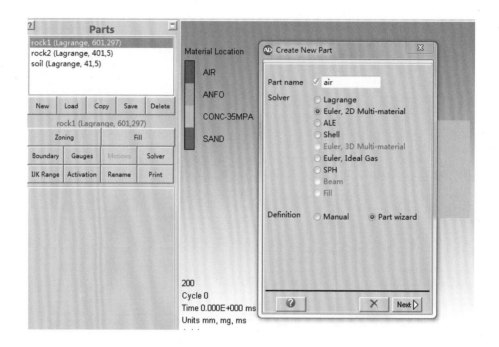

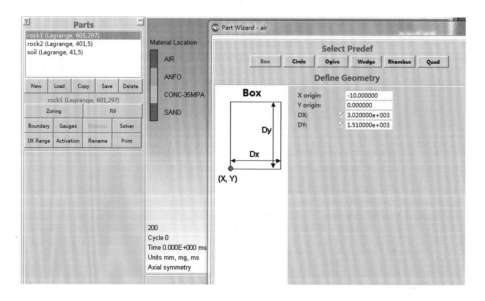

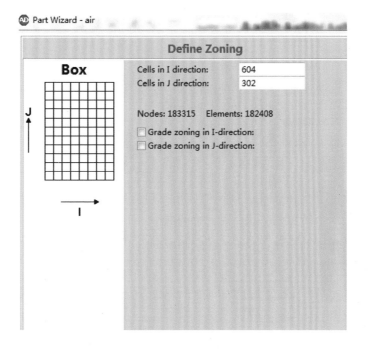

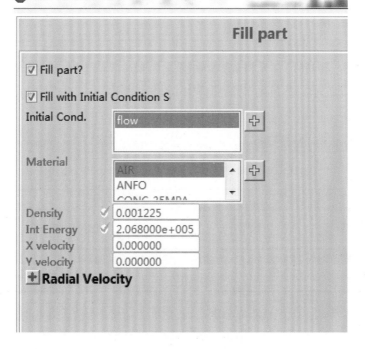

9.填充炸药

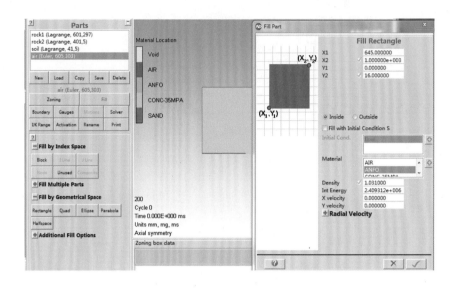

10.约束边界

10.1 显示边界

条件约束边界前，先将边界条件显示出来。确认边界条件已经被正确的施加，可以通过检查 Plots 对话面板中Additional Components下的Boundaries。

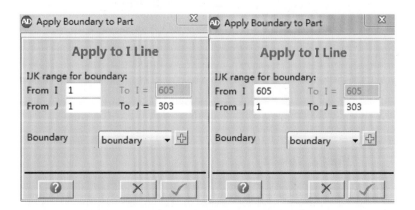

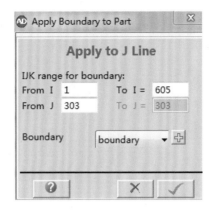

10.2 测点

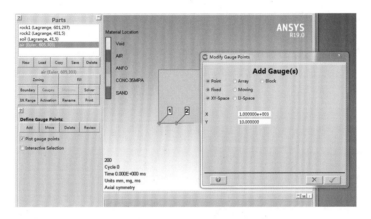

10.3 应用边界条件到岩石

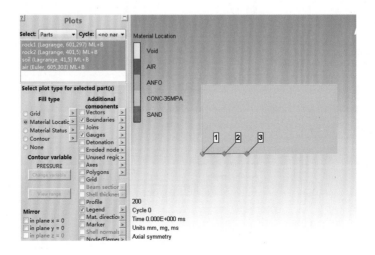

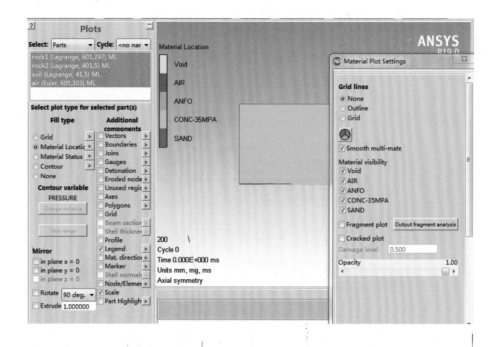

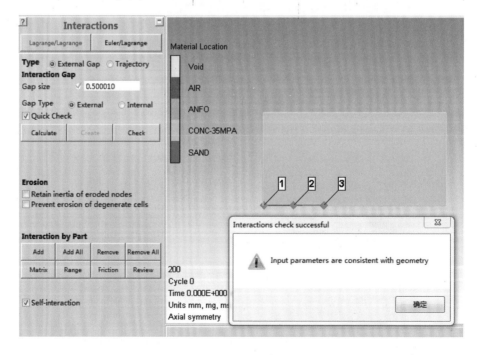

10.4　交互耦合

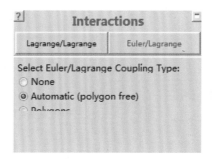

11.设置起爆点

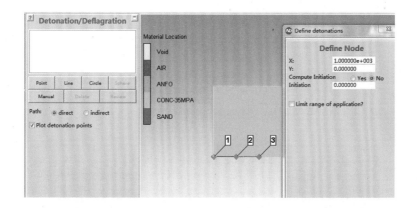

12.输出控制选项

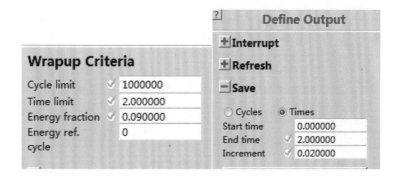

13.设置损伤求解

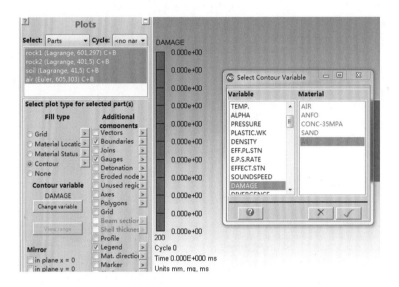

14.运行（点击Run开始运算）

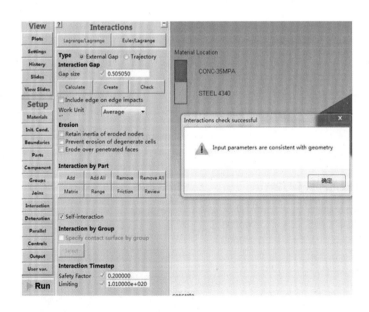

无孔坝体水下爆炸仿真模拟计算流程

问题描述：数值模拟无孔坝体在爆炸荷载作用下的毁伤变化。具体的计算模型尺寸如下：坝体底宽75 m，顶宽20 m，高度100 m，折点距离坝顶25 m；基岩长180 m，宽15 m；水体宽100 m，高80 m；空气宽180 m，高120 m；炸药中心距坝体15 m，距水面15 m，半径为0.36 m。

1.启动Workbench

双击Workbench进入新的工作页面并选择系统组件。

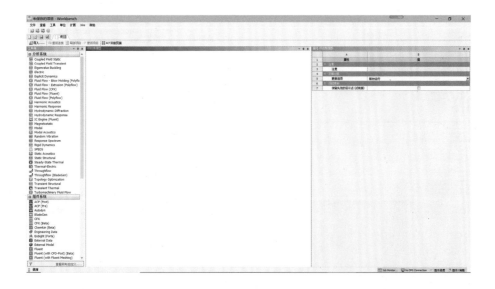

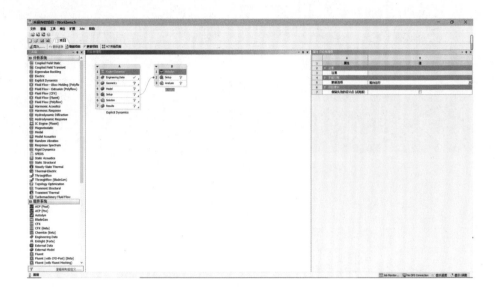

2.进入模型建立页面

2.1   模型设置修改为2D

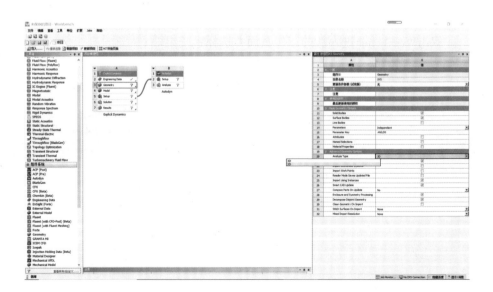

2.2　打开进入建模工作页面

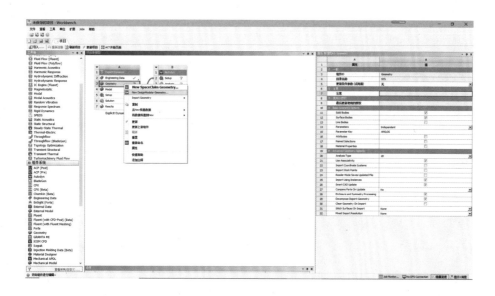

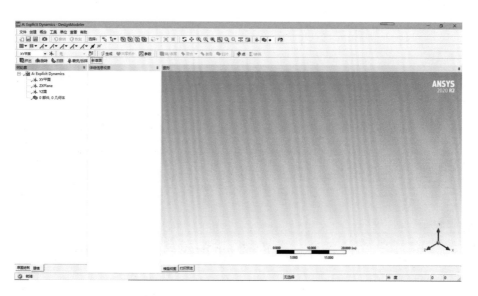

3.建立坝体模型

3.1 进行坝体的草图绘制

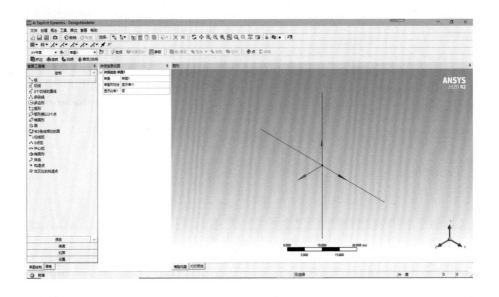

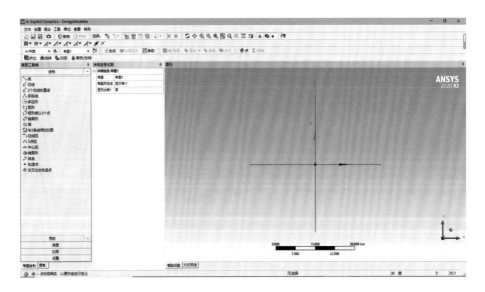

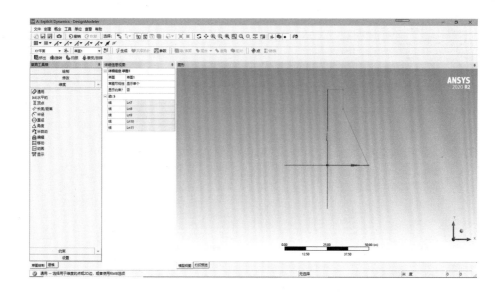

3.2　修改坝体尺寸

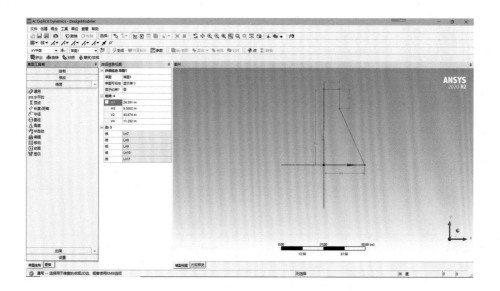

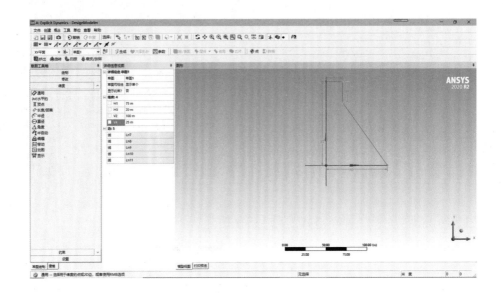

3.3 选择挤出，生成坝体模型

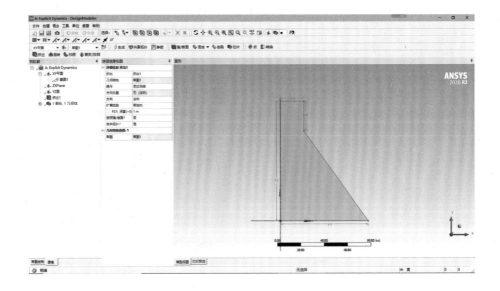

4.建立水体模型

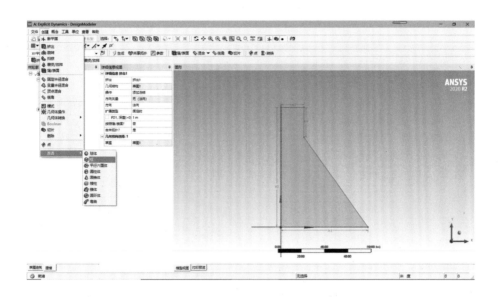

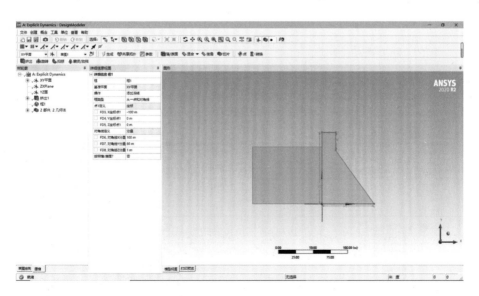

5.建立基岩模型

5.1　建立基岩模型并修改尺寸

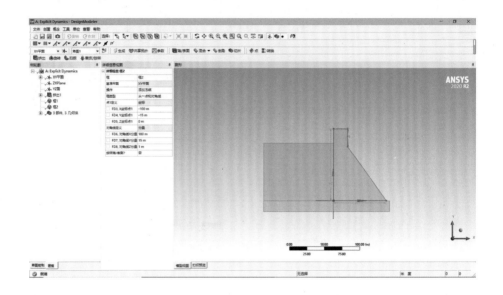

5.2　建立炸药模型

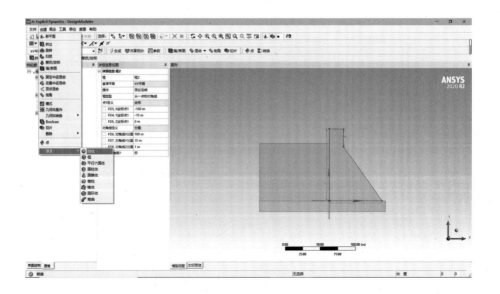

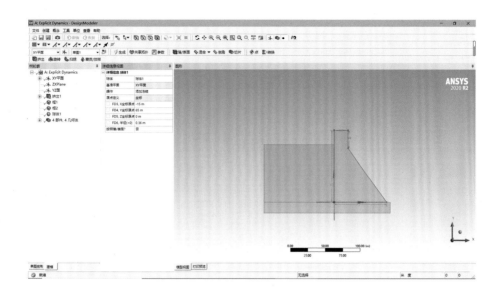

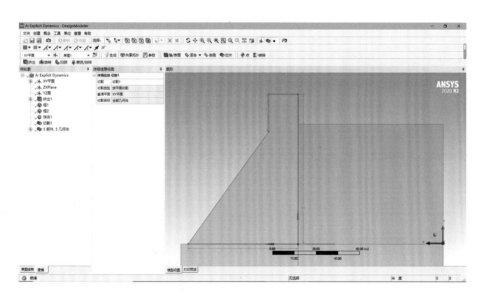

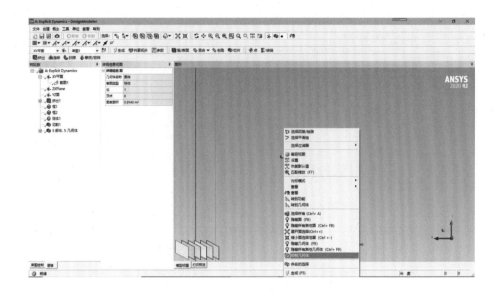

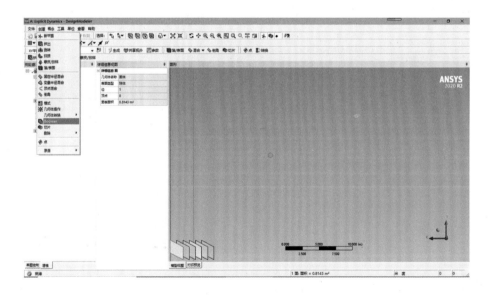

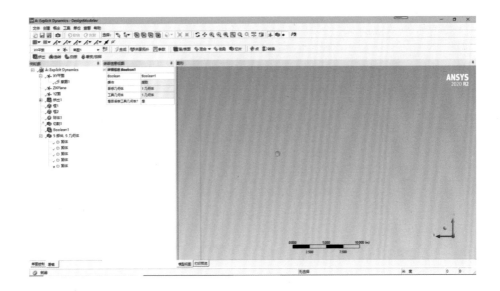

6.修改模型名称

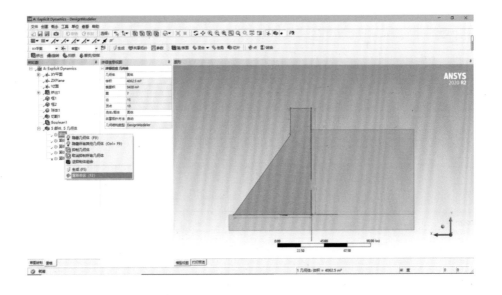

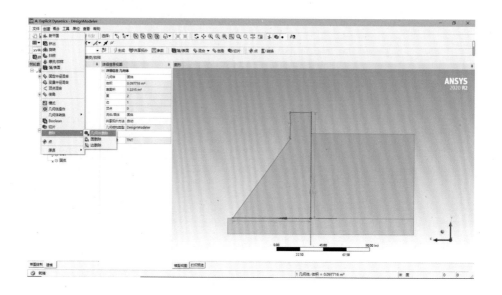

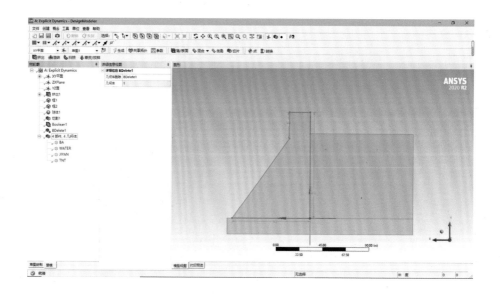

7.提取2D模型面

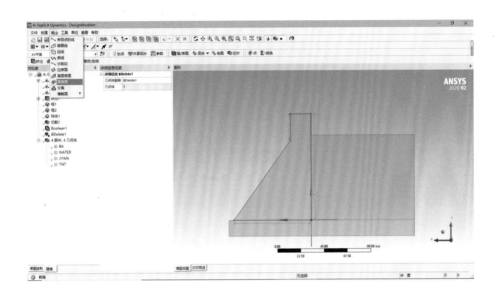

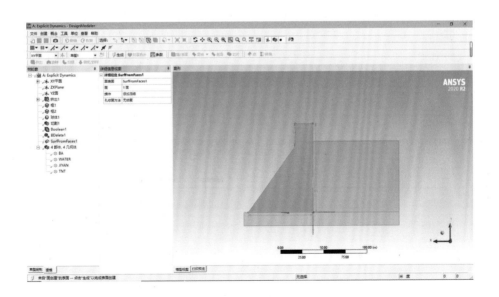

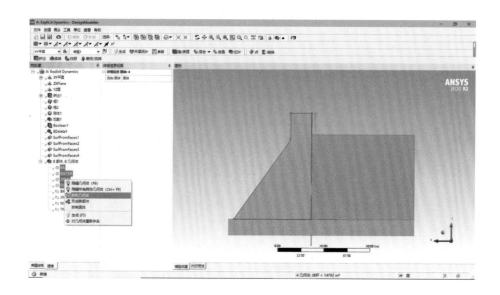

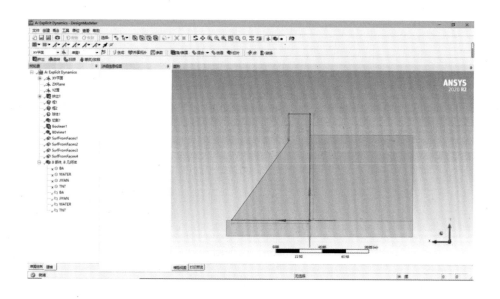

8.进入前处理页面

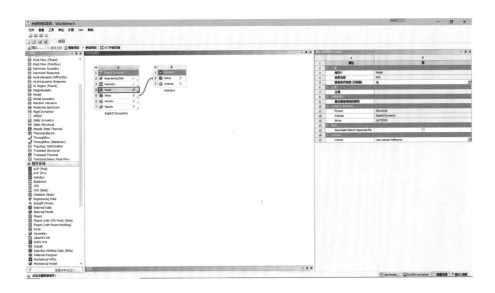

9.修改2D行为

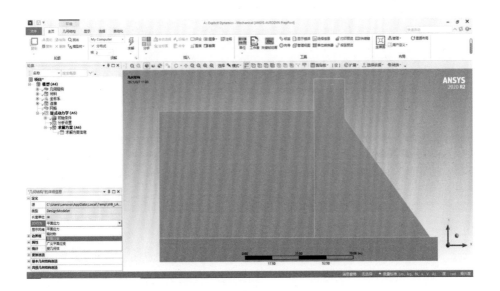

10.修改接触

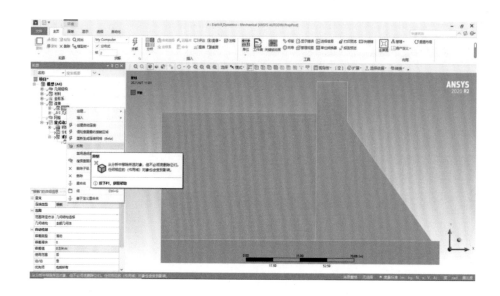

11.划分网格

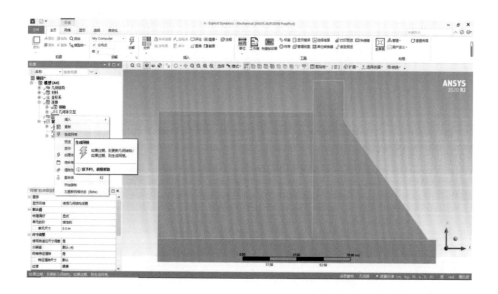

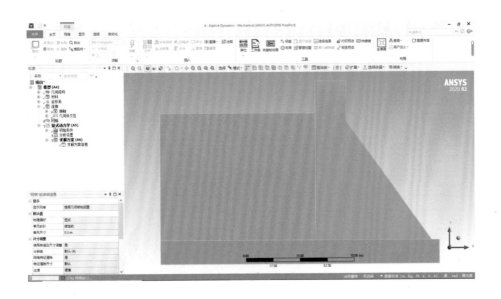

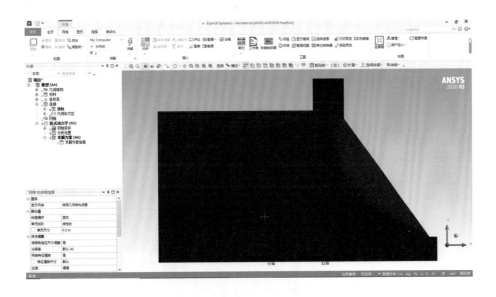

12.分析设置

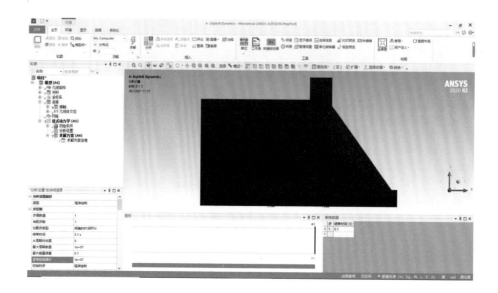

13.添加重力

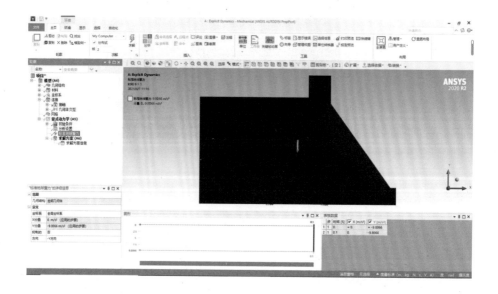

14.进入Autodyn

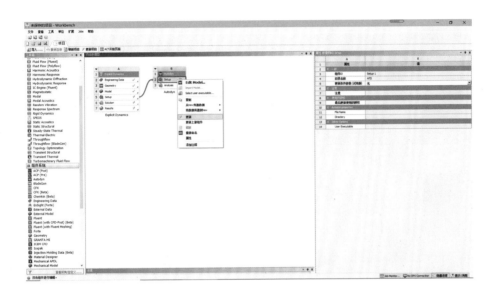

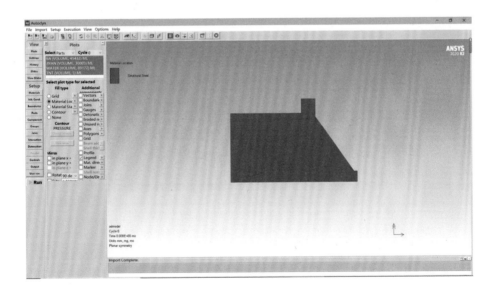

15.添加材料

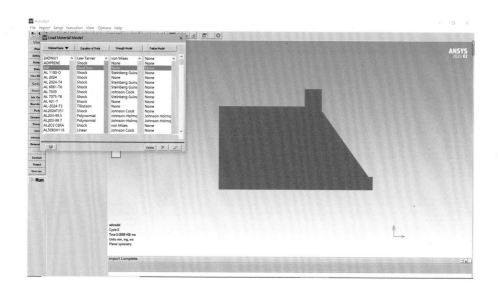

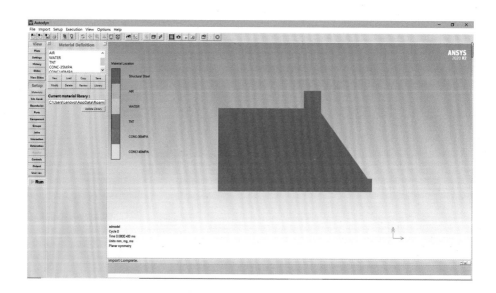

16.修改材料参数

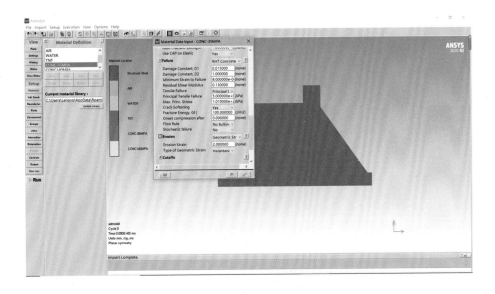

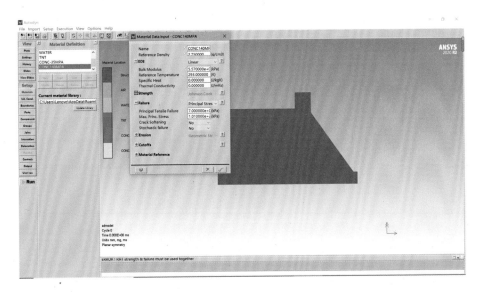

17.定义初始条件

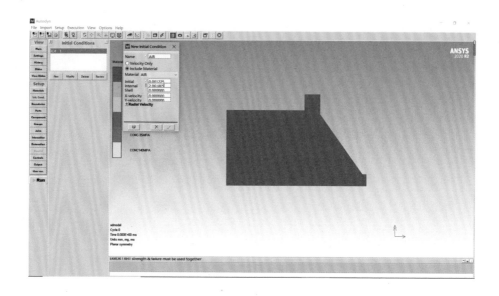

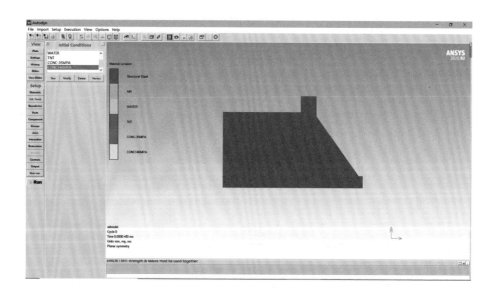

18.定义边界条

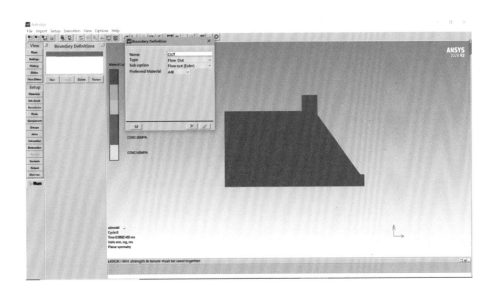

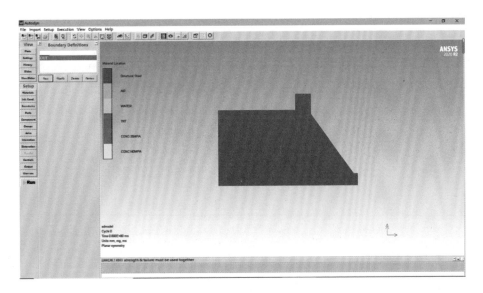

19.填充材料

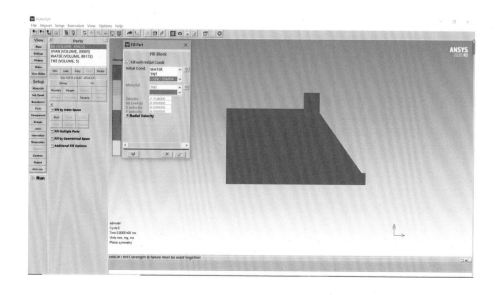

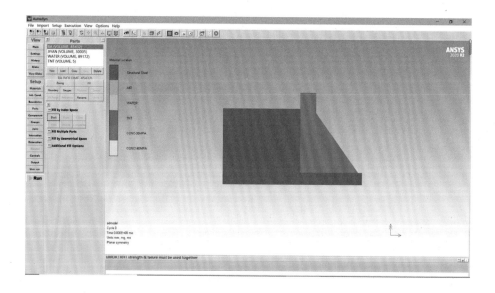

按上述操作添加其他材料。

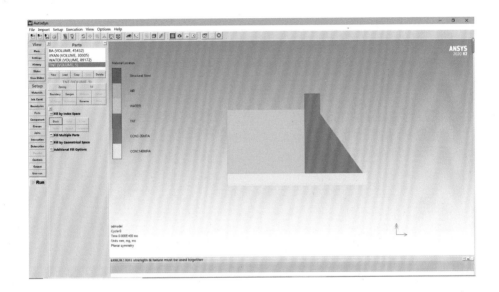

20.建立空气模型

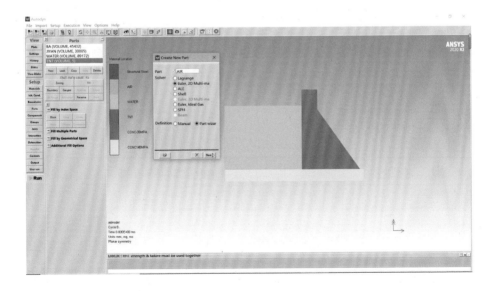

20.1 建立模型

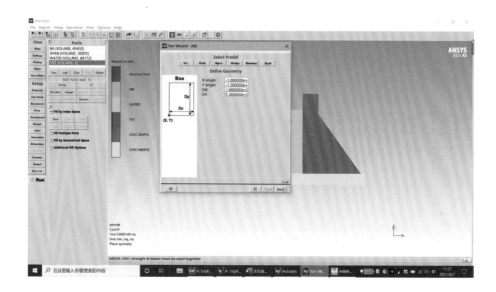

20.2 划分空气网格

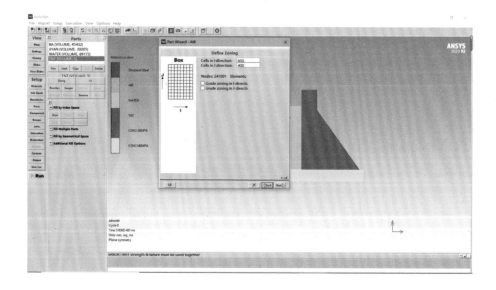

20.3　添加材料

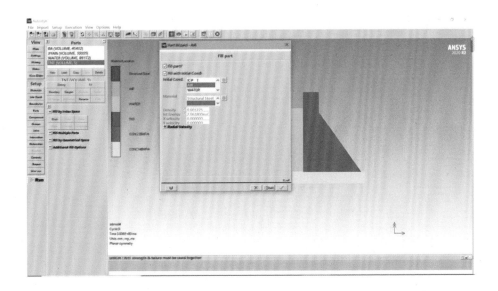

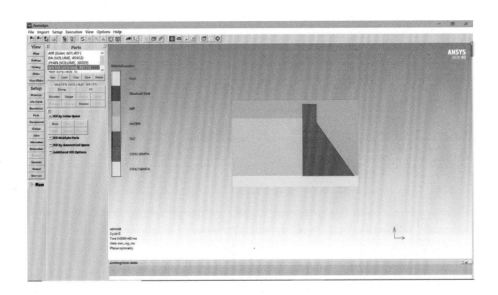

21.替换空气中的水和炸药

用水和炸药替换空气与水、炸药重合的部分。

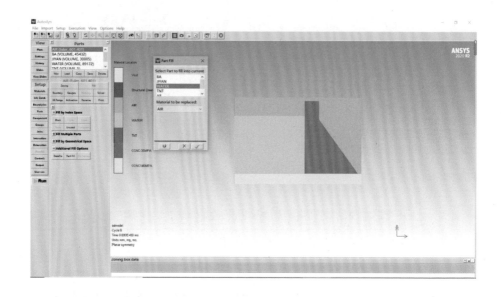

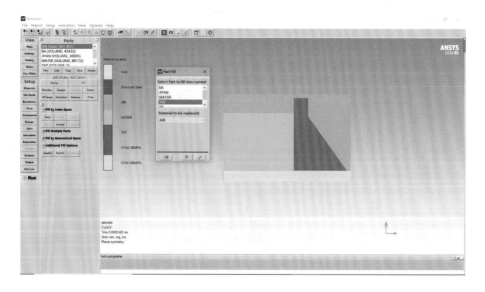

22.删除重合的水和炸药

删除重合部分中原来的水和炸药。

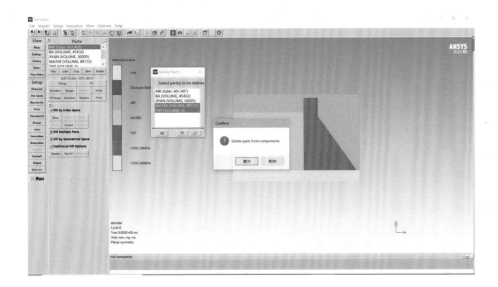

23.添加约束边界

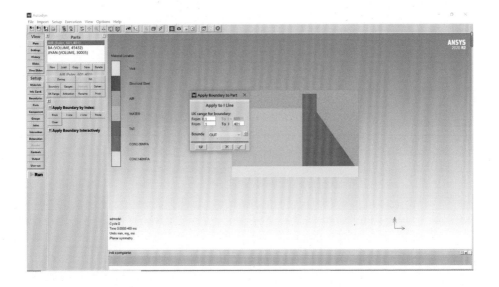

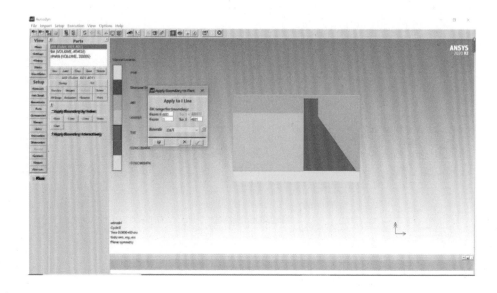

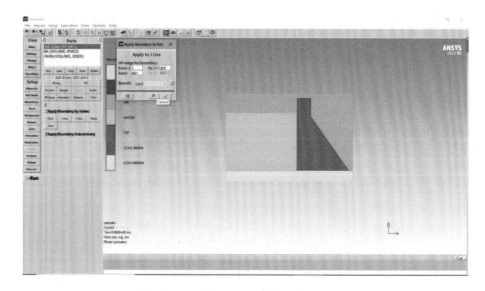

选择显示边界。

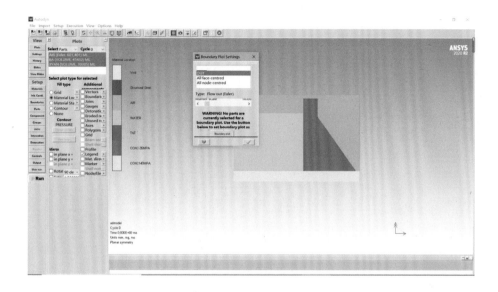

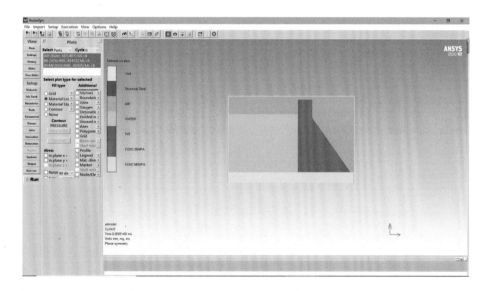

24.选择耦合方式

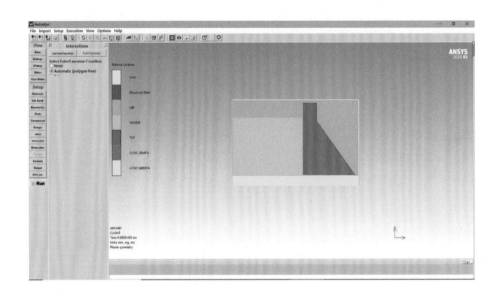

25.设置起爆点

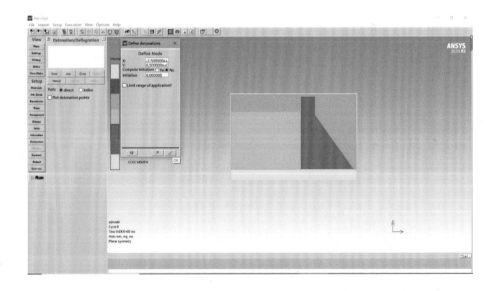

显示爆炸中心点。

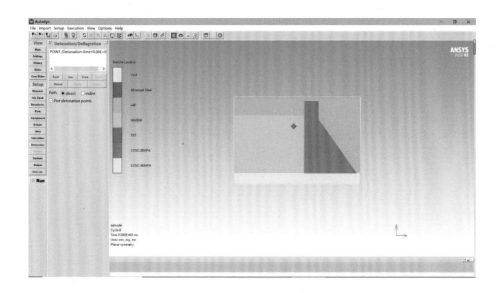

26.设置输出控制

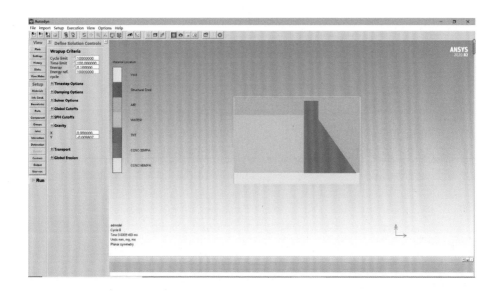

更改输出保存间隔。

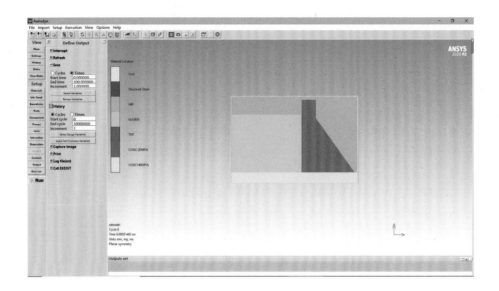

27.保存文件

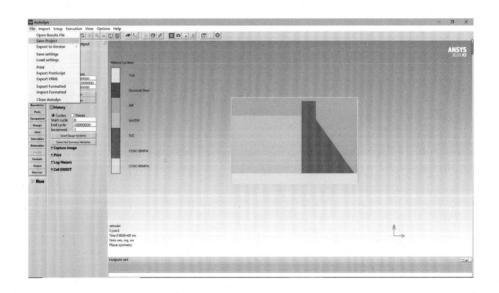

28.选择显示压力

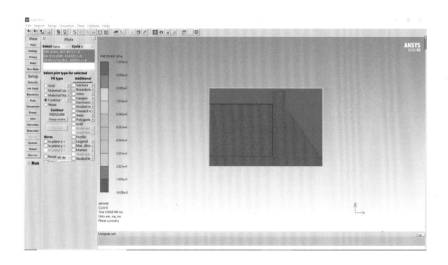

29.运行求解

29.1　点击Run开始运算

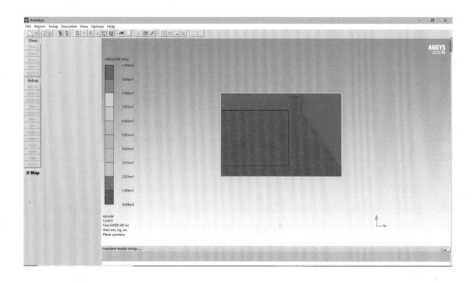

有孔坝体水下爆炸仿真模拟计算流程

问题描述：数值模拟有孔坝体在爆炸荷载作用下的毁伤变化。具体的计算模型尺寸如下：坝体底宽75 m，顶宽20 m，高度100 m，折点距离坝顶25 m；基岩长180 m，宽15 m；水体宽100 m，高80 m；空气宽180 m，高120 m；炸药中心距坝体15 m，距水面15 m，半径为0.36 m。

1.启动Workbench

双击Workbench进入新的工作页面并选择系统组件。

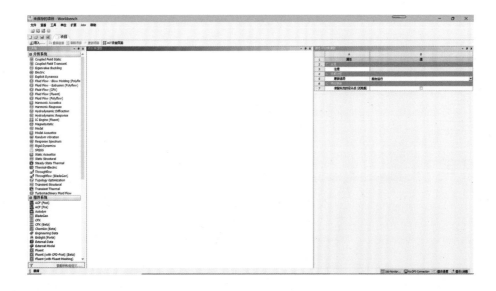

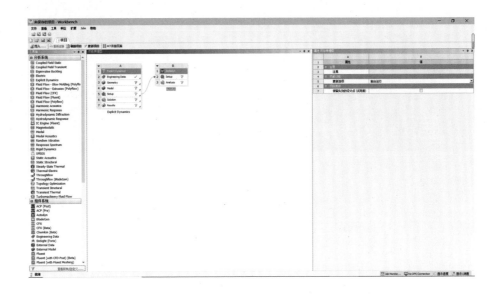

2.进入模型建立页面

2.1   模型设置修改为2D

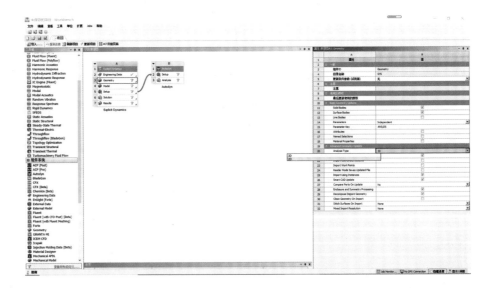

2.2　打开进入建模工作页面

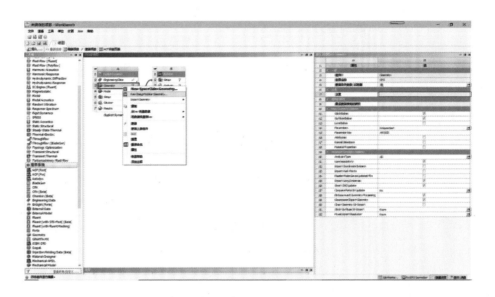

3.建立坝体模型

3.1　进行坝体的草图绘制

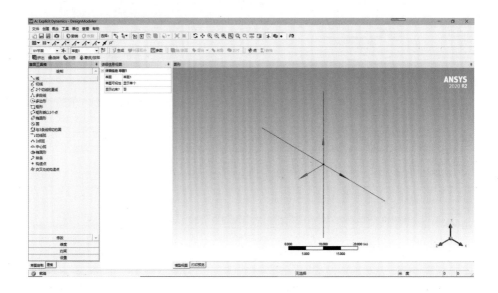

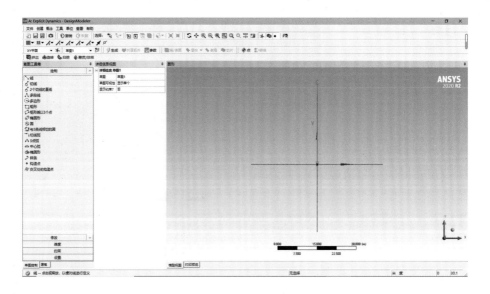

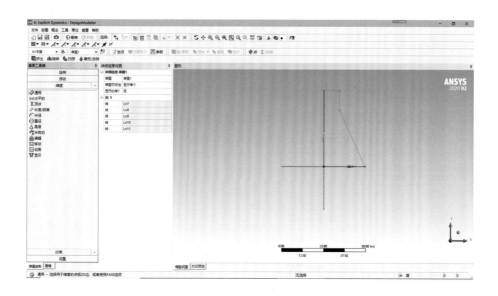

3.2 修改坝体尺寸

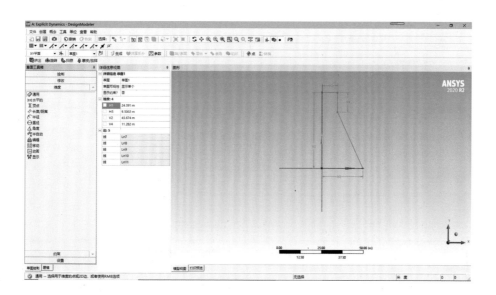

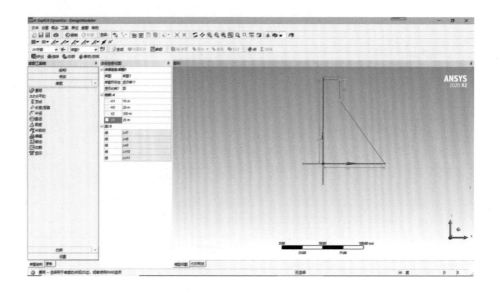

3.3　选择挤出，生成坝体模型

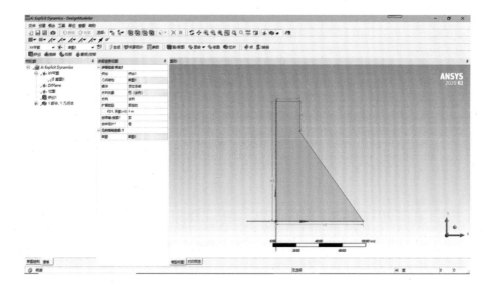

4.建立水体模型

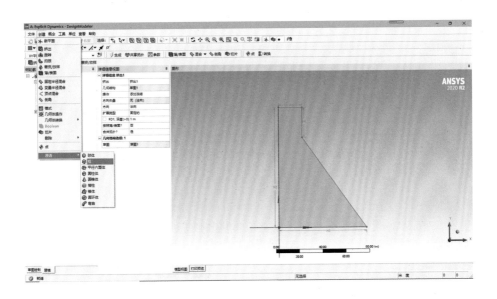

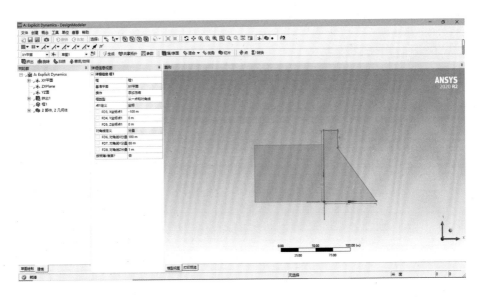

5.建立基岩模型

建立基岩模型并修改尺寸。

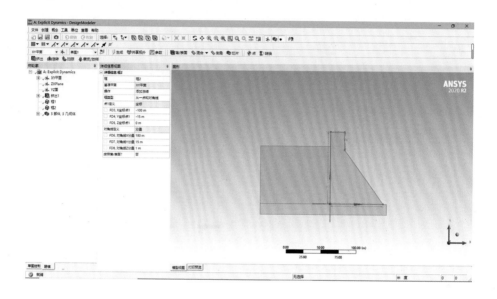

6.建立炸药模型

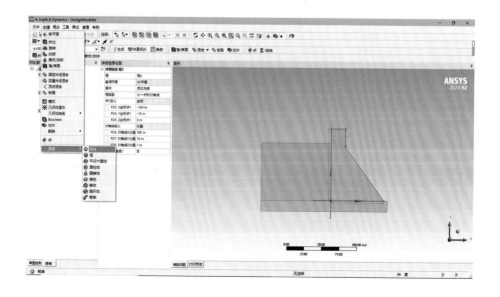

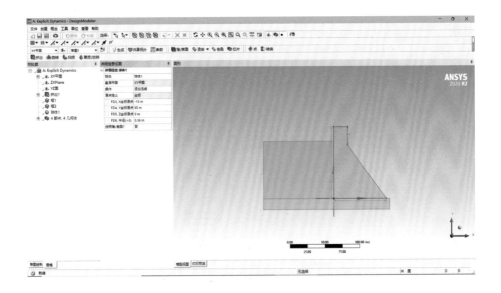

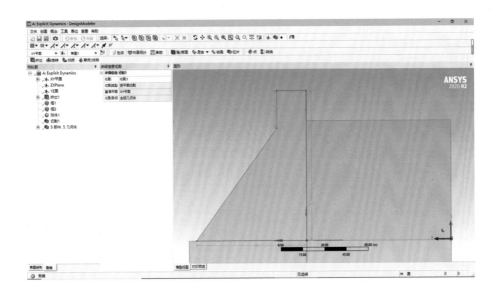

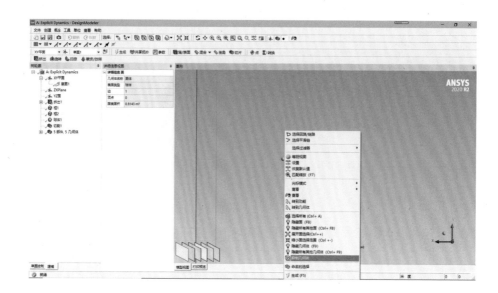

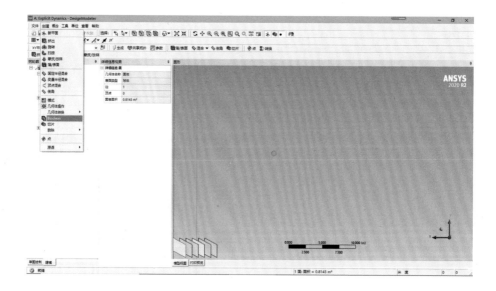

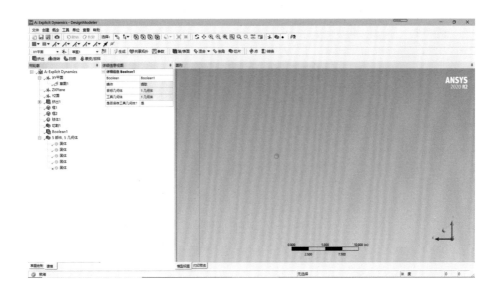

7.建立孔口模型

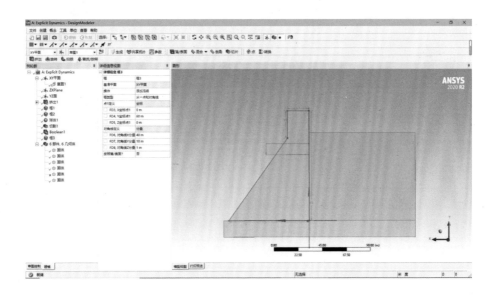

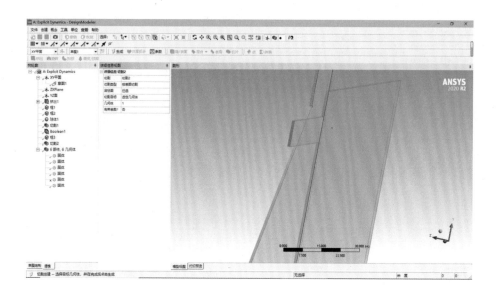

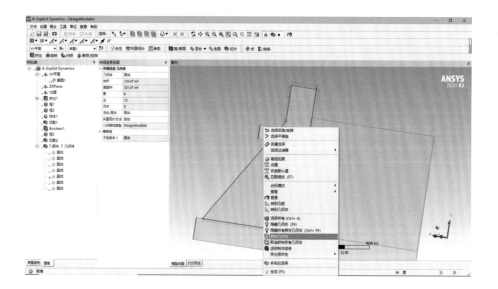

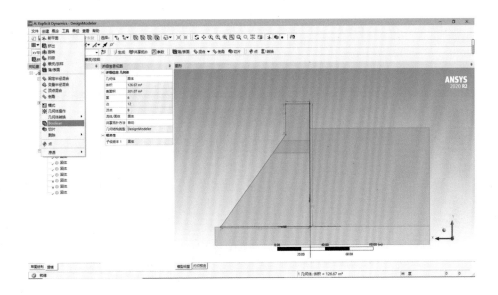

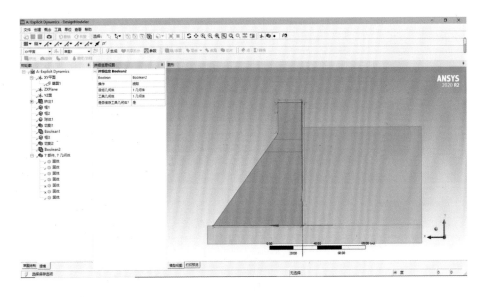

8.修改模型名称

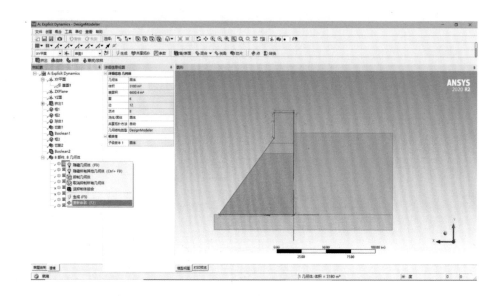

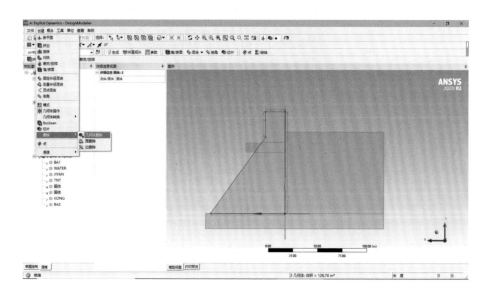

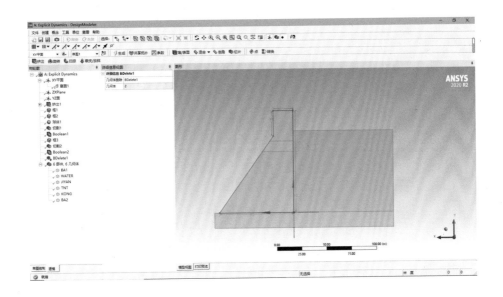

9.提取2D模型面

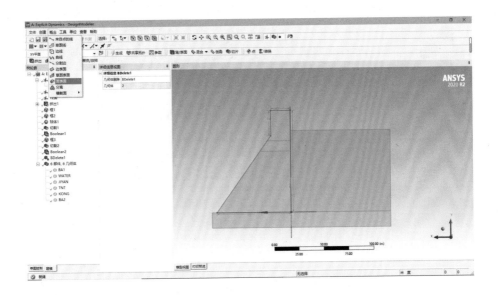

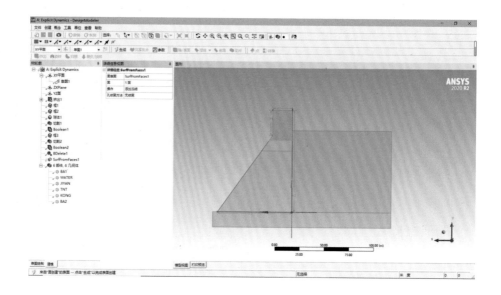

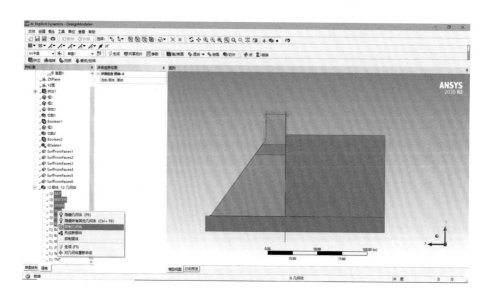

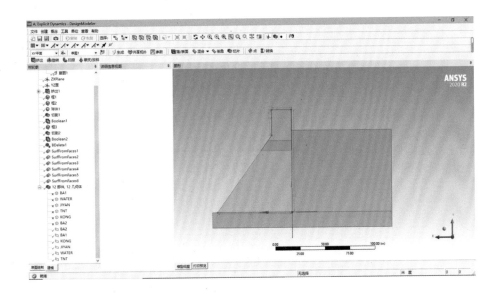

10.进入前处理页面

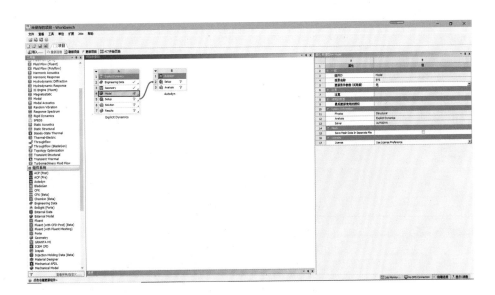

11.修改2D行为

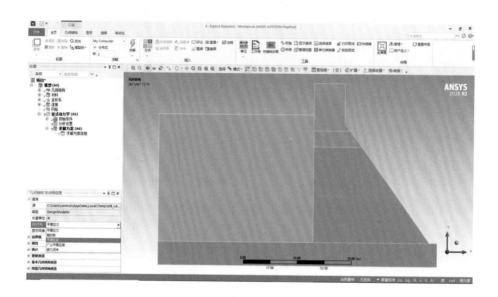

12.修改接触

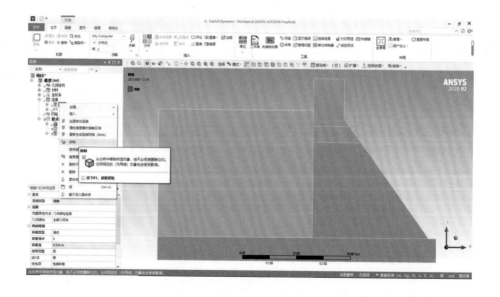

13.划分网格

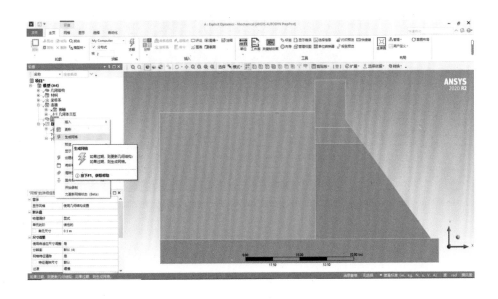

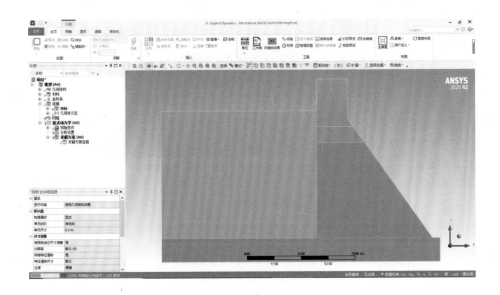

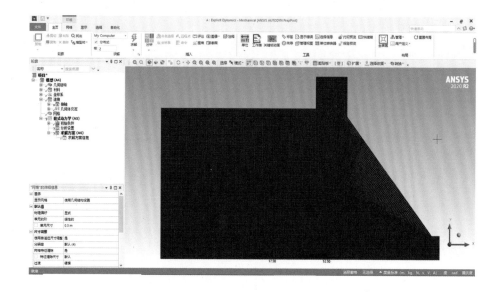

14.分析设置

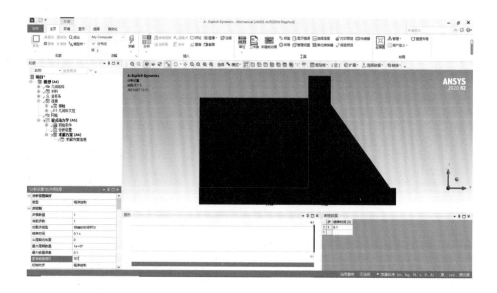

15.添加重力

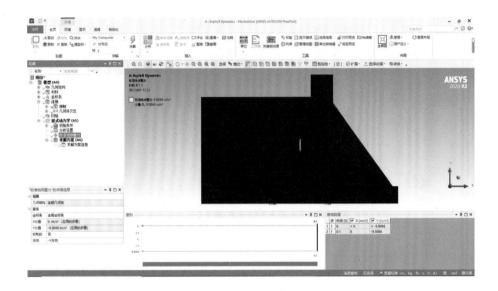

16.进入Autodyn

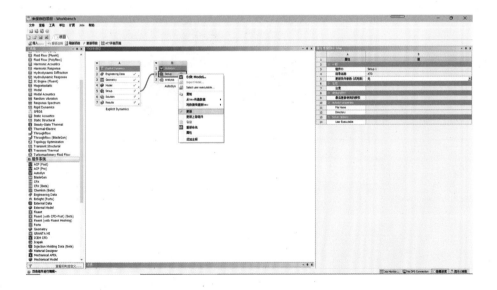

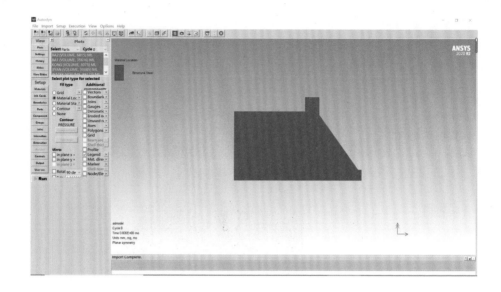

17.添加材料

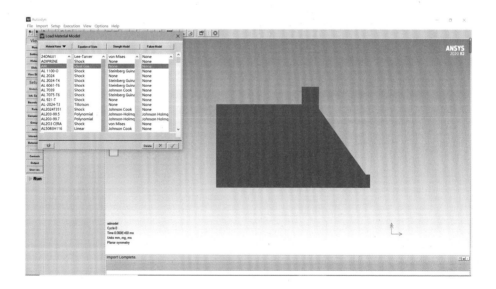

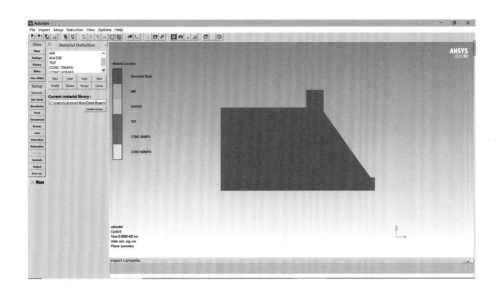

18.修改材料参数

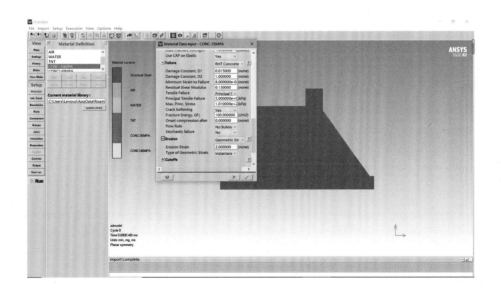

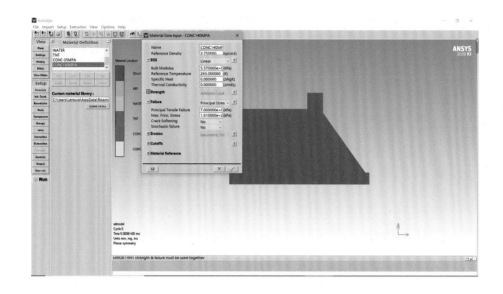

19.定义初始条件

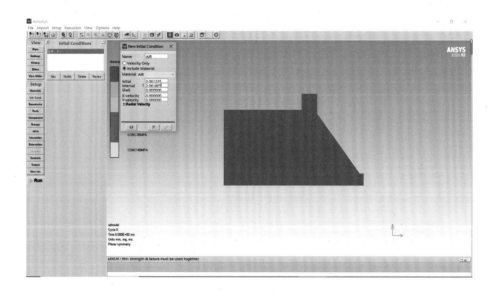

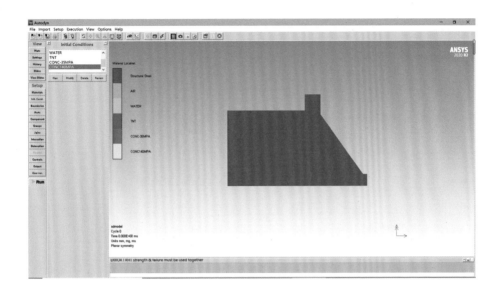

20.定义边界条

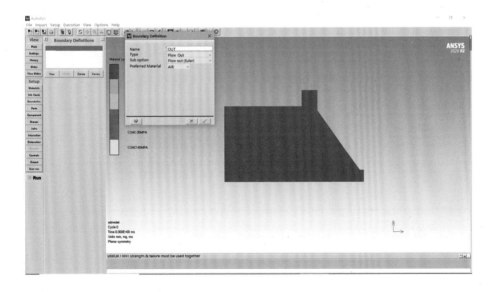

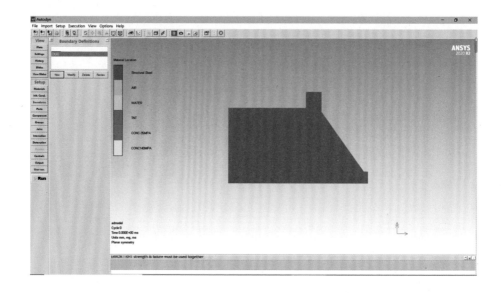

21.填充材料

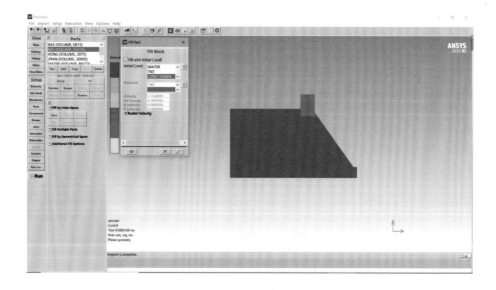

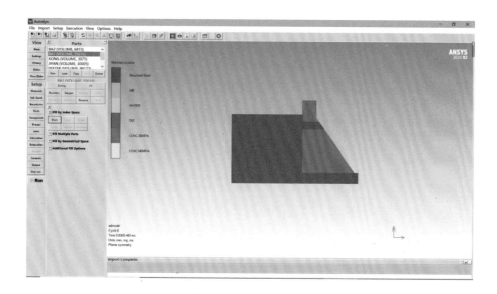

按上述操作添加其他材料。

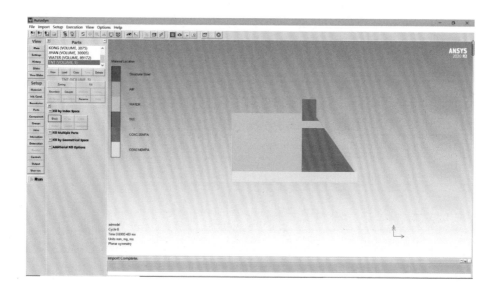

22.建立模型

22.1　建立空气模型

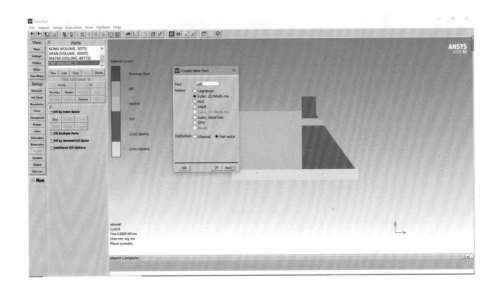

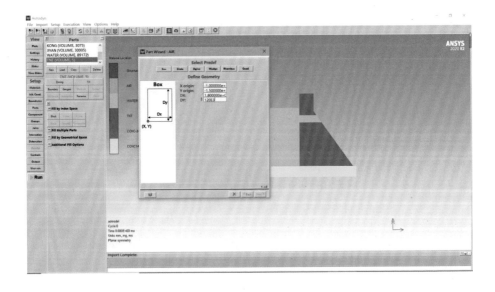

22.2　划分空气网格

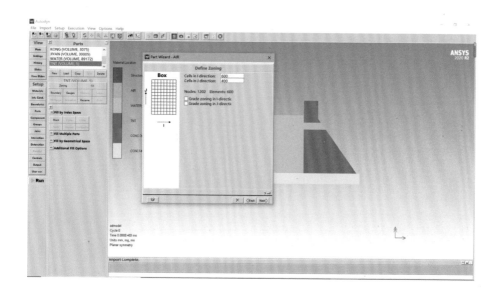

22.3　添加材料

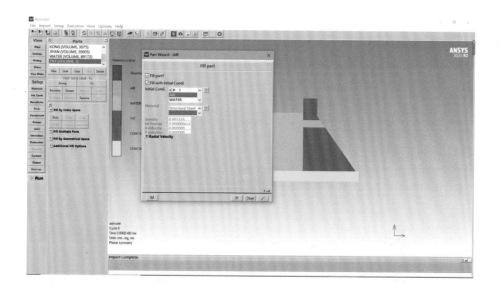

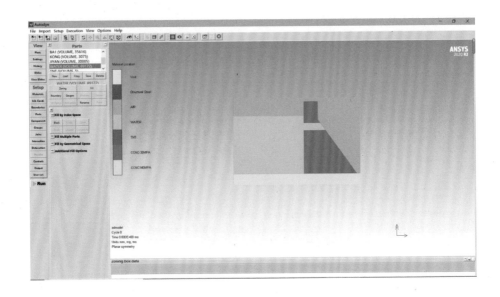

23.替换空气中的水和炸药

用水和炸药替换空气与水、炸药重合的部分。

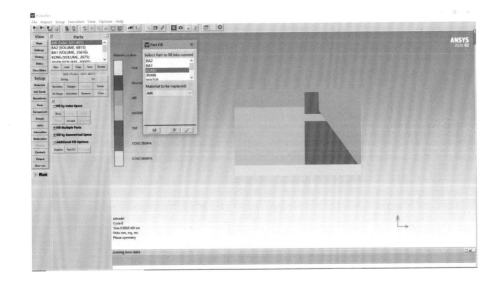

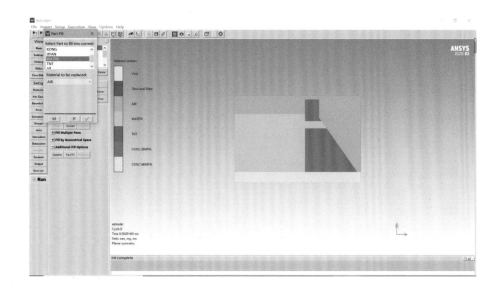

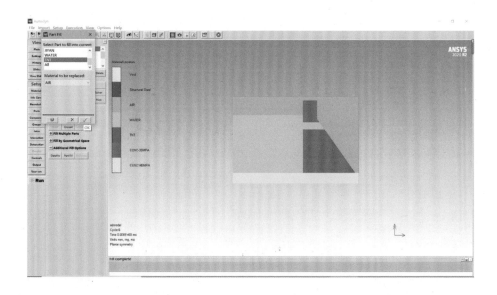

24.删除重合的水和炸药

删除重合部分中原来的水和炸药。

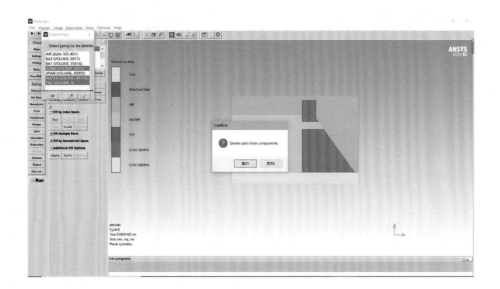

25.添加约束边界

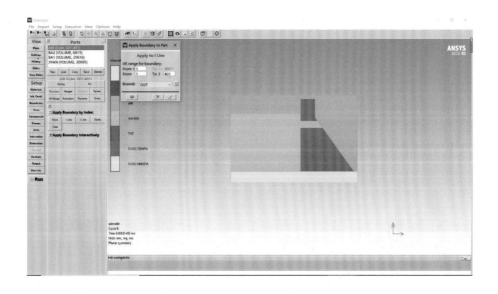

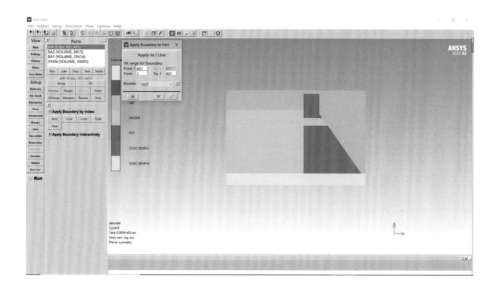

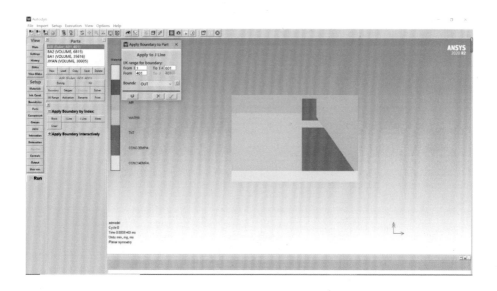

选择显示边界。

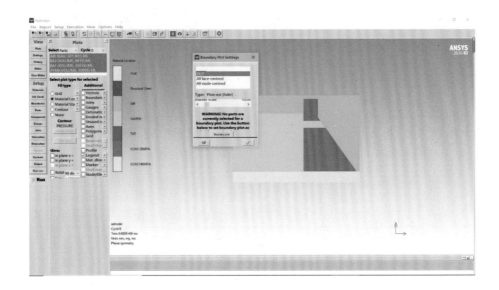

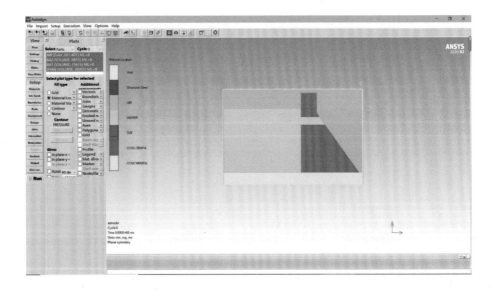

26.选择耦合方式

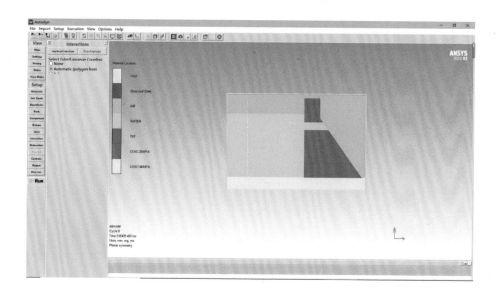

27.设置起爆点

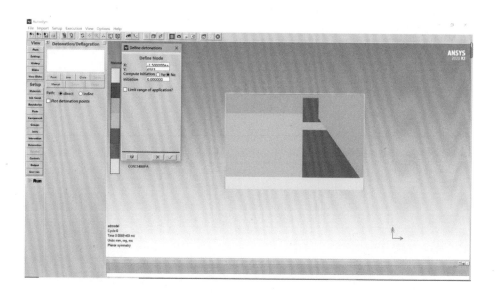

显示爆炸中心点。

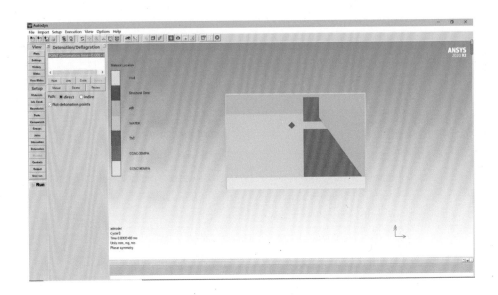

28.设置输出控制

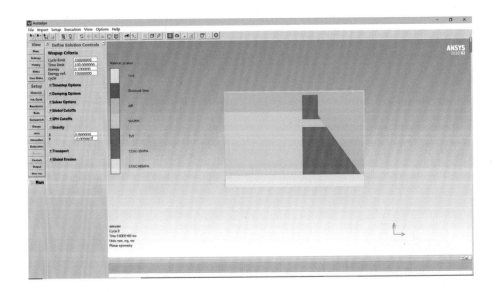

更改输出保存间隔。

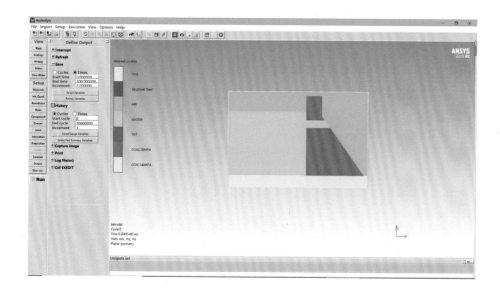

29.选择显示压力

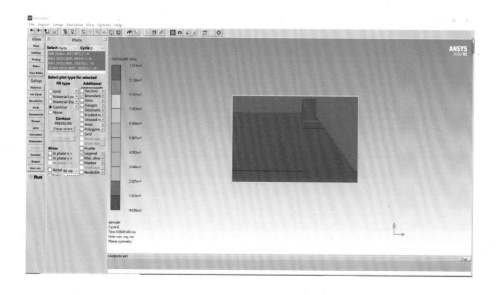

30.运行求解

点击Run开始运算。

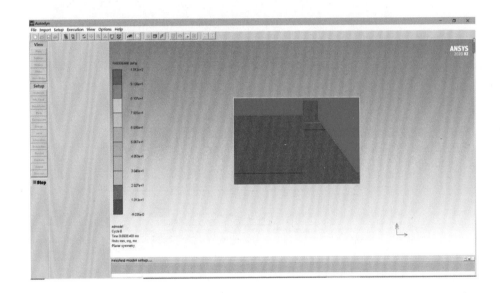